漁業資源管理の法と政策

漁業資源管理の法と政策

―― 持続可能な漁業に向けた国際法秩序と日本 ――

児矢野マリ 編

はしがき

　日本は，漁業および魚食大国である。そして，海に囲まれた国として，「国際的協調の下に，海洋の平和的かつ積極的な開発及び利用と海洋環境の保全との調和を図る新たな海洋立国」の実現をめざしている（海洋基本法第1条）。したがって，海洋環境の保全に配慮した持続可能な漁業の推進は，日本の国益にかなうものであり，また，国際的な文脈においても日本に期待されていることだろう。

　その一方で，日本の漁業をめぐる現実は国内外で厳しいものとなっている。現在，天然漁業および養殖ともに，国内の総生産量と主要魚種の生産量は減少傾向にある。国内の漁業就業者の減少に加えて，その高齢化も一般に深刻であり，漁業を主産業とする地域社会の衰退も著しい。また，隣接国と島の領有問題を抱えるなかで，二国間（日中・日韓・日露）漁業協定や二者間（日台）の漁業合意は暗礁に乗り上げているものもあり，周辺海域の漁業資源管理に役立っていないという指摘もある。さらに，太平洋クロマグロやウナギの資源管理，調査捕鯨の問題など，日本の漁業法・政策に対する国際的な批判や，それを受けた国際的措置も目立っている。

　これは，なぜだろうか――この問いに関して，本書は，海洋生物資源の利用と保存をめぐる国際法秩序の変動と，それを受けた漁業をめぐる国際環境の変化に着目する。そして，日本の関連国内法・政策によるそれへの適応のありさま――「生態系に配慮した持続可能な漁業」を理念として発展してきた国際規範を，日本の国内法・政策がいかに受けとめているのか，そこに課題はないのか――を，法学および政治学の視点から複合的に探究し，行政実務のコメントも得て多角的に検討することにより，この問いに応答することをめざしている。その根底には，グローバル化時代における各国の漁業資源管理の法と政策は，生態系に配慮した持続可能な漁業という国際社会の公的利益の実現プロセスに位置づけられる，という基本的な発想がある。

　以上のねらいを受けて，本書は，序論，第Ⅰ部（論考）および第Ⅱ部（コメント）から構成される。序論では，本書の導入（問題提起，ねらい，アプローチ・

分析視角・基本的概念，本書の構成）に加えて，本書の全体的な知見の総括と今後の研究課題が，本論に先駆けて整理されている（序章「グローバル化時代における漁業資源管理の法と政策 ―― 日本による国際規範の受けとめとその課題」［児矢野マリ］)。それに続く第Ⅰ部は，3つの論考から成り，「予防的アプローチ」(precautionary approach)（第 1 章「予防的アプローチに照らした国際法上の海洋生物資源保存義務の発展と日本の国内実施 ―― 排他的経済水域における資源管理に焦点をあてて」[堀口健夫]）および「生態系アプローチ」(ecosystem approach)（第 2 章「生態系アプローチに関する国際規範の発展と日本の国内実施」[大久保彩子]）という 2 つの基本的なアプローチに焦点を当てた議論に加えて，漁業資源の管理を支える IUU（違法・無規制・無報告）漁業の規制のあり方（第 3 章「IUU 漁業対策としての寄港国措置 ―― 日本における寄港国措置協定の実施に焦点をあてて」[鶴田順]）についても探究される。第Ⅱ部「コメント」では，行政法学（第 4 章「国内法の観点から ―― 資源管理および生態系保全に焦点をあてて」[松本充郎]および第 5 章「国内法の観点から ―― 違法漁業の規制に焦点をあてて」[田中良弘]），行政学（第 6 章「行政学の観点から ―― 漁業資源管理の構造と変化」[久保はるか]）および国際政治学（第 7 章「国際政治・外交の観点から ―― 日本の水産資源管理の後進性と産官学の構造を問う」[阪口功]）の視点からの論点提起と議論に加えて，行政実務からの検討も行われる（第 8 章「行政実務の観点から ―― 国際的な水産資源管理と日本の国内実施」）。このようにして，学際的かつ実務も含めた多角的な議論が行われる。

　本書は，編者である児矢野マリ（北海道大学大学院法学研究科教授）を研究代表者とする科学研究費・基盤研究（B）「グローバル化時代における海洋生物資源法の再構築 ―― 国際・国内法政策の連関の視点から」（平成 28 年度〜31 年度）（研究課題番号 16H03570）の中間成果の一つである。この研究プロジェクトは，前述した問いに関心をもつ研究者が学問領域の垣根を越えて議論することをめざして誕生し，その後，新たなメンバーも加わって展開している。異なる学問領域間の「真の」学際的議論，とりわけ相互に近いようで遠い法学と政治学の協働は，相互の方法論・アプローチ，認識枠組，基本概念などの違いにより錯綜することも多く，必ずしも容易なことではない。けれども，逆に枠にとらわれない自由な発想で試行錯誤を繰り返し，研究目的の実現に近づいていくことの面白さは，このような共同研究の醍醐味でもある。そして，2018 年 9 月には，その中間成果を「国際法学会 2018 年度（第 121 年次）研究大会」（札

はしがき

幌コンベンションセンター，2018 年 9 月 3〜5 日）の企画セッション（分科会 A（パネル）「グローバル化時代における海洋生物資源法の再検討 —— 国際と国内間の法・政策の連関をめぐる学際的対話の試み」（企画責任者兼座長 児矢野マリ），2018 年 9 月 5 日）で発表した。本書の刊行はその成果に手を入れたものである。この意味で，本書の刊行は執筆者*以外のプロジェクトメンバー（石井敦（東北大学東北アジア研究センター准教授），伊藤一頼（北海道大学大学院公共政策学連携研究部教授），太田宏（早稲田大学国際教養学部教授），真田康弘（早稲田大学地域・地域間連携機構客員准教授），島村健（神戸大学大学院法学研究科教授））との協働の産物でもあり，プロジェクトに協力して下さった多くの方々 —— 研究者，行政実務担当者，漁業関係者（漁連や漁協関係者，漁業者など），NGO 関係者など —— の厚意にも支えられている。プロジェクトの推進では，北海道大学大学院法学研究科の佐々木紫代助手にもお世話になった。あらためて感謝申し上げる。

本書で示された知見は，このプロジェクトの最終成果に向けた作業の踏み台になっていくことだろう。そして，多くの研究者，実務家，また関心のある学生や一般市民にとって，将来の議論に向けた有益な問題提起となることを期待したい。

なお，本書の編集作業に並行し，2018 年 12 月には，日本が内閣主導で推進していた水産政策の改革の成果として，約 70 年ぶりとなる漁業法の大改正が行われた。本書では，部分的にこれに言及する章もあるが，その内容の本格的な検証は，施行後の運用も含めて別の機会に譲ることにした。

本書の刊行にあたり，信山社の今井守さんには大変お世話になった。本書の刊行をご快諾頂き，忍耐強くかつ正確に編集の作業を進めて下さった。あらためて感謝申し上げる。

2019 年 6 月

児矢野 マリ

---

*そのうち牧賢司氏はゲスト執筆者であり，プロジェクトのメンバーではない。

目　次

はしがき（v）

略称一覧（xiv）

◆ 序　章 ◆
グローバル化時代における漁業資源管理の法と政策
　――日本による国際規範の受けとめとその課題――　…児矢野マリ　…3

　Ⅰ　問題提起（3）
　Ⅱ　本書のねらい（7）
　Ⅲ　本書のアプローチ・分析視角・基本的概念（8）
　Ⅳ　本書の構成（15）
　Ⅴ　本書における全体的な知見の総括（23）

■ 第Ⅰ部　論　考 ■

◆ 第1章 ◆
予防的アプローチに照らした国際法上の海洋生物資源保存義務の発展と日本の国内実施
　――排他的経済水域における資源管理に焦点をあてて――
　……………………………………………………………堀口健夫　…33

　Ⅰ　序　論（33）
　Ⅱ　EEZ における国際法上の生物資源保存義務と予防的アプローチ（35）
　Ⅲ　日本の国内実施（56）
　Ⅳ　結　語（65）

◆第2章◆
生態系アプローチに関する国際規範の発展と日本の国内実施
　　　　　　　　　　　　　　　　　……………………大久保彩子… 69

　　Ⅰ　はじめに（69）
　　Ⅱ　先行研究と本稿の分析視角（70）
　　Ⅲ　生態系アプローチに関する国際規範の発展（72）
　　Ⅳ　日本における生態系アプローチに関する国際規範の国内実施（80）
　　Ⅴ　考　察（88）

◆第3章◆
IUU漁業対策としての寄港国措置
　　── 日本における寄港国措置協定の実施に焦点をあてて ──
　　　　　　　　　　　　　　　　　……………………鶴　田　　順… 91

　　Ⅰ　序 ── IUU漁業対策としての寄港国措置の位置付け（91）
　　Ⅱ　IUU漁業の定義（96）
　　Ⅲ　FAOによるIUU漁業への取り組み
　　　　　── 寄港国措置に焦点をあてて（97）
　　Ⅳ　RFMOsによるIUU漁業への取り組み
　　　　　── 寄港国措置に焦点をあてて（102）
　　Ⅴ　日本における寄港国措置協定の実施（106）
　　Ⅵ　結 ── 日本における寄港国措置協定の実施の評価と課題（109）

■　第Ⅱ部　コメント　■

◆第4章◆
国内法の観点から
　　── 資源管理および生態系保全に焦点をあてて ──
　　　　　　　　　　　　　　　　　……………………松　本　充　郎… 115

Ⅰ　はじめに（115）
　　Ⅱ　国内漁業制度及び関連法令の体系（116）
　　Ⅲ　各論文へのコメント（124）
　　Ⅳ　結びに代えて（126）

◆第5章◆
国内法の観点から
　　―― 違法漁業の規制に焦点をあてて ――　………田　中　良　弘… 129

　　Ⅰ　はじめに（129）
　　Ⅱ　国際法と国内法の交錯（130）
　　Ⅲ　環境法上の原則と刑法理論との抵触（136）
　　Ⅳ　違法漁業摘発の困難性（138）
　　Ⅴ　おわりに（140）

◆第6章◆
行政学の観点から
　　―― 漁業資源管理の構造と変化 ――　………………久保はるか… 143

　　Ⅰ　はじめに（143）
　　Ⅱ　既存の漁業資源管理体制の構造（144）
　　Ⅲ　構造変化の可能性 ―― 規制改革と国際規範の受容（148）

◆第7章◆
国際政治・外交の観点から
　　―― 日本の水産資源管理の後進性と産官学の構造を問う ――
　　………………………………………………………阪　口　　　功… 155

　　Ⅰ　日本の「後進性」の起源を学術的に問う（155）
　　Ⅱ　産官学の関係（158）
　　Ⅲ　乱獲と輸入水産物依存（162）
　　Ⅳ　漁業改革と資源管理の強化（164）

Ⅴ　大久保論文へのコメント（*166*）
　　Ⅵ　鶴田論文へのコメント（*168*）
　　Ⅶ　堀口論文へのコメント（*170*）
　　Ⅷ　まとめ（*172*）

◆第8章◆
行政実務の観点から
　　── 国際的な水産資源管理と日本の国内実施 ──
　　………………………………………………………牧　　賢　司… *173*

　　Ⅰ　水産資源の保存・管理を巡る日本漁業の状況（*173*）
　　Ⅱ　日本の資源管理の課題と国際機関による管理の重要性（*174*）
　　Ⅲ　予防的アプローチ（*175*）
　　Ⅳ　生態系アプローチ（*176*）
　　Ⅴ　国際的な IUU 漁業対策と日本におけるその実施（*177*）
　　Ⅵ　国内法制度に関する近年の展開 ── 水産政策の改革について（*178*）

索　引（巻末）

〈執筆者紹介〉（掲載順）
*は編者

*児矢野マリ（こやの・まり）　　　　　北海道大学大学院法学研究科教授

　堀口健夫（ほりぐち・たけお）　　　　上智大学法学部教授

　大久保彩子（おおくぼ・あやこ）　　　東海大学海洋学部准教授

　鶴田　順（つるた・じゅん）　　　　　明治学院大学法学部准教授

　松本充郎（まつもと・みつお）　　　　大阪大学大学院国際公共政策研究科准教授

　田中良弘（たなか・よしひろ）　　　　新潟大学法学部准教授

　久保はるか（くぼ・はるか）　　　　　甲南大学法学部教授

　阪口　功（さかぐち・いさお）　　　　学習院大学法学部教授

　牧　賢司（まき・けんじ）　　　　　　在ミクロネシア日本国大使館
　　　　　　　　　　　　　　　　　　　（前水産庁資源管理部漁業調整課）

〈略称一覧〉

◇1 主要な国際機関（アルファベット順）　＊…日本は未加盟（2019年6月1日現在）

CCAMLR（南極海洋生物資源保存委員会）：Commission for the Conservation of Antarctic Marine Living Resources（南極海洋生物資源の保存に関する委員会）
CCSBT：Commission for the Conservation of Southern Bluefin Tuna（みなみまぐろ保存委員会）
EU：European Union（欧州連合）
FAO（国連食糧農業機関）：Food and Agricultural Organization of the United Nations（国際連合食糧農業機関）
IATTC：Inter-American Tropical Tuna Commission（全米熱帯まぐろ類委員会）
ICCAT：International Commission for the Conservation of Atlantic Tunas（大西洋まぐろ類保存国際委員会）
ICJ：International Court of Justice（国際司法裁判所）
ITLOS：International Tribunal for the Law of the Sea（国際海洋法裁判所）
IWC：International Whaling Commission（国際捕鯨委員会）
NAFO：Northwest Atlantic Fisheries Organization（北西大西洋漁業機関）
NEAFC（北東大西洋漁業委員会）：North-East Atlantic Fisheries Commission＊
NPFC：North Pacific Fisheries Commission（北太平洋漁業委員会）
SEAFO：South East Atlantic Fisheries Organization（南東大西洋漁業機関）
SPREFMO（南太平洋漁業管理機関）：South Pacific Regional Fisheries Management Organization＊
WCPFC/Western and Central Pacific Fisheries Commission（中西部太平洋マグロ類委員会）：Commission for the Conservation and Management of Highly Migratory Fish Stocks in the Western and Central Pacific Ocean（西部及び中部太平洋における高度回遊性魚類資源の保存及び管理のための委員会）
WTO：World Trade Organization（世界貿易機関）

◇2　主要な条約（50音順等）　＊…日本は非締約国（2019年6月1日現在）

違法漁業防止寄港国措置協定（PSMA）：Agreement on Port State Measures to Prevent, Deter and Eliminate Illegal, Unreported and Unregulated Fishing（違法な漁業，報告されていない漁業及び規制されていない漁業を防止し，抑止し，及び排除するための寄港国の措置に関する協定）
改正地中海保護バルセロナ条約（Barcelona Convention）：Convention for the Protection of the Marine Environment and the Coastal Region of the Mediterranean（地中海の海洋環境および沿岸域の保護に関する条約）＊
海洋投棄規制ロンドン条約（LC）1996年改正議定書（The 1996 Protocol to the

〈略称一覧〉

LC）：1996 Protocol to the Convention on the Prevention of Marine Pollution by Dumping of Wastes and Other Matter of 29 December 1972（1972年の廃棄物その他の物の投棄による海洋汚染の防止に関する条約の1996年の議定書）

気候変動枠組条約（UNFCCC）：United Nations Framework Convention on Climate Change（気候変動に関する国際連合枠組条約）

北太平洋漁業資源条約／NPFC条約（NPFC Convention）：Convention on the Conservation and Management of High Seas Fisheries Resources in the North Pacific Ocean（北太平洋における公海の漁業資源の保存及び管理に関する条約）

公海漁業保存措置遵守協定／コンプライアンス協定（FAO Compliance Agreement）：Agreement to Promote Compliance with International Conservation and Management Measures by Fishing Vessels on the High Seas（保存及び管理のための国際的な措置の公海上の漁船による遵守を促進するための協定）

公海生物資源保存条約／1958年条約：Convention on Fishing and Conservation of the Living Resources of the High Seas（漁業及び公海の生物資源の保存に関する条約）

国際捕鯨取締条約（ICRW）：International Convention for the Regulation of Whaling

国連海洋法条約（UNCLOS）：United Nations Convention on the Law of the Sea（海洋法に関する国際連合条約）

国連公海漁業協定（UNFSA）：Agreement for the Implementation of the Provisions of the United Nations Convention on the Law of the Sea of 10 December 1982 relating to the Conservation and Management of Straddling Fish Stocks and Highly Migratory Fish Stocks（分布範囲が排他的経済水域の内外に存在する魚類資源（ストラドリング魚類資源）及び高度回遊性魚類資源の保存及び管理に関する1982年12月10日の海洋法に関する国際連合条約の規定の実施のための協定）

生物多様性条約（CBD）：Convention on Biological Diversity（生物の多様性に関する条約）

全米熱帯まぐろ類委員会強化条約／IATTC強化条約／アンティグア条約（Antigua Convention）：Convention for the Strengthening of the Inter-American Tropical Tuna Commission Established by the 1949 Convention Between the United States of America and the Republic of Costa Rica（千九百四十九年のアメリカ合衆国とコスタリカ共和国との間の条約によって設置された全米熱帯まぐろ類委員会の強化のための条約）

全米熱帯まぐろ類条約（The 1949 IATTC Convention）：Convention between the Republic of Costa Rica and the United States of America for the Estab-

〈略称一覧〉

　　　　　lishment of an Inter-American Tropical Tuna Commission（全米熱帯まぐろ類委員会の設置に関するアメリカ合衆国とコスタリカ共和国との間の条約）
大西洋まぐろ類保存条約（ICCAT Convention）：International Convention for the Conservation of Atlantic Tunas（大西洋のまぐろ類の保存のための条約）
中西部太平洋まぐろ類条約／WCPFC 条約：Convention on the Conservation and Management of High Migratory Fish Stocks in the Western and Central Pacific Ocean（西部及び中部太平洋における高度回遊性魚類資源の保存及び管理に関する条約）
南極海洋生物資源保存条約（CCMLR Convention）：Convention on the Conservation of Antarctic Marine Living Resources（南極の海洋生物資源の保存に関する条約）
南東大西洋漁業条約（SEAFO Convention）：Convention on the Conservation and Management of Fishery Resources in the South East Atlantic Ocean（南東大西洋地域における漁業資源の保存及び管理に関する条約）
バルト海保護ヘルシンキ条約（The 1992 Helsinki Convention）：Convention on the Protection of the Marine Environment of the Baltic Sea Area（バルト海域の海洋環境の保護に関する条約）*
北西大西洋漁業条約／NAFO 条約（NAFO Convention）：Convention on Future Multilateral Cooperation in the Northwest Atlantic Fisheries（北西大西洋の漁業についての今後の多数国間の協力に関する条約）
北東大西洋漁業条約（NEAFC Convention）：Convention on Future Multilateral Cooperation in North-East Atlantic Fisheries（北東大西洋の漁業についての今後の多数国間の協力に関する条約）*
南太平洋漁業資源条約／SPREFMO 条約（SPREFMO Convention）：Convention on the Conservation and Management of High Seas Fishery Resources in the South Pacific Ocean（南太平洋における公海の漁業資源の保存及び管理に関する条約）*
みなみまぐろ保存条約／CCSBT 条約：Convention for the Conservation of Southern Bluefin Tuna（みなみまぐろの保存のための条約）
野生動植物国際取引規制ワシントン条約／ワシントン条約（CITES）：Convention on International Trade in Endangered Species of Wild Fauna and Flora（絶滅のおそれのある野生動植物の種の国際取引に関する条約）
OSPAR 条約（OSPAR Convention）：Convention for the Protection of the Marine Environment of the North-East Atlantic（北東大西洋の海洋環境の保護のための条約）*

〈略称一覧〉

◇3　主要な国際文書（50音順等）

アジェンダ21：Agenda 21（持続可能な開発のための人類の行動計画）
国連持続可能な開発目標(SDGs/Sustainable Development Goals)：The 2030 Agenda for Sustainable Development
FAO行動規範（1995 FAO Code of Conduct）：Code of Conduct for Responsible Fisheries（責任ある漁業のための行動規範）
IUU国際行動計画／IUU漁業防止等国際行動計画（IPOA-IUU）：International Plan of Action to Prevent, Deter and Eliminate Illegal, Unreported and Unregulated Fishing（IUU漁業の防止，抑止および廃絶のための国際行動計画）

◇4　主要な法律（50音順等）

外規法（外国人漁業の規制に関する法律）
外為法（外国為替及び外国貿易法）
種の保存法（絶滅のおそれのある野生動植物の種の保存に関する法律）
水協法（水産業協同組合法）
鳥獣保護法（鳥獣の保護及び管理並びに狩猟の適正化に関する法律）
まぐろ法（まぐろ資源の保存及び管理の強化に関する特別措置法）
TAC法（海洋生物資源の保存及び管理に関する法律）
EEZ漁業法（排他的経済水域における漁業等に関する主権的権利の行使等に関する法律）

◇5　国際判例（年代順）

漁業管轄権事件　ICJ判決：Fisheries Jurisdiction（United Kingdom v. Iceland), Merits, Judgment, 25 July 1974.
みなみまぐろ事件　ITLOS暫定措置命令（ITLOSみなみまぐろ事件暫定措置命令）：Southern Bluefin Tuna Cases（New Zealand v. Japan; Australia v. Japan), Provisional Measures, Order, August 1999
深海底活動に関する保証国の責任・義務に関する　ITLOS海底裁判部勧告的意見（ITLOS海底裁判部の深海底活動に関する保証国の責任・義務に関する勧告的意見）：Responsibilities and obligations of States with respect to activities in the Area, Advisory Opinion, 1 February 2011.
南極海捕鯨事件　ICJ判決：Whaling in the Antarctic（Australia v. Japan: New Zealand Intervening), Judgment, 31 March 2014.
チャゴス諸島海洋保護区事件　仲裁判決：Arbitral Award, Case No. 2011-03, Chagos Marine Protected Area Arbitration（Mauritius v. United Kingdom), 19 March 2015.

〈略称一覧〉

持続的漁業と旗国・沿岸国の義務に関する ITLOS勧告的意見（ITLOS西アフリカ地域漁業委員会（SRFC）勧告的意見，「西アフリカ地域漁業委員会（Sub-Regional Fisheries Commission）により裁判所に付託された勧告的意見の要請」に対する勧告的意見）：Request for Advisory Opinion submitted by the Sub-Regional Fisheries Commission, Advisory Opinion, 2 April 2015.

◇6　その他〔一般名称〕（アルファベット順）

COP（締約国会議）：conference of the parties to the convention in question
RFMO/RFMOs（地域漁業機関）：regional fisheries management organization/organizations

漁業資源管理の法と政策
——持続可能な漁業に向けた国際法秩序と日本——

序　章

グローバル化時代における漁業資源管理の法と政策
――日本による国際規範の受けとめとその課題――

児矢野マリ

I　問　題　提　起

　今日，海洋生物資源の利用と保存をめぐる国際法は，海洋生物資源の有限性とその多面的な公共的価値の認識を背景に，また海洋生態系の観念も受けて，持続可能な資源の利用，予防的アプローチ，生物多様性の保全，遺伝資源から生ずる利益の衡平な配分など，新たな理念・原則や配慮を受けて，ダイナミックに展開している。そして，国際機関の採択した法的拘束力のない国際文書，たとえば「持続可能な開発のための人類の行動計画」（アジェンダ21）（1992年）[1]，国連食糧農業機関（FAO）採択の「責任ある漁業のための行動規範」（FAO行動規範）（1995年）[2]，国連の「持続可能な開発目標」（SDGs：Sustainable Development Goals）（2015年）[3]なども，以上の展開と密接に関連し[4]，この分野における一定の価値実現の推進を期待されている[5]。

　そして，とりわけ漁業に関してその中心にあるのは，「生態系に配慮した持続可能な漁業」という理念である。これは今日，関連条約を含むさまざまな国際文書で基本原則または理念として明記されており[6]，今や国際社会全体の利

---

(1) *Agenda 21, United Nations Conference on Environment & Development, Rio de Janeiro, Brazil, 3 to 14 June 1992, UNCED Report*, A/CONF. 151/26/Rev. 1 (Vol. I), 1993. 国連環境開発会議（リオサミット）で採択。海洋生物資源の利用と保存に関しては，とくに第17章が重要。

(2) FAO, *Code of Conduct for Responsible Fisheries*, Rome, 1995, available at 〈http://www.fao.org/documents/card/en/c/e6cf549d-589a-5281-ac13-766603db9c03/〉 (as of 5 May 2019). 1995年10月31日第28回FAO理事会採択。

益,すなわち国際的な公的利益といってよいだろう。その背後には,世界の漁業における深刻な乱獲問題——生態系に悪影響を与えるだけでなく,長期的には漁業生産を減少させて社会および経済的に深刻な結果をももたらす——[7]がある。FAOによれば,2015年には世界で33.1％の魚種が過剰漁獲されているという[8]。

　日本は,漁業および魚食大国であり,かつ海洋立国をめざす国[9]として,以

---

(3) United Nations General Assembly, *Transforming our world: the 2030 Agenda for Sustainable Development, Draft resolution referred to the United Nations summit for the adoption of the post-2015 development agenda by the General Assembly at its sixty-ninth session, Seventieth session, Agenda items 15 and 16, Integrated and coordinated implementation of and follow-up to the outcomes of the major United Nations conferences and summits in the economic, social and related fields, Follow-up to the outcome of the Millennium Summit*, 18 September 2015, A/70/L. 1. 2015年9月25日第70回国連総会採択。海洋生物資源の利用と保存に関しては,とくに目標14が重要。

(4) 国連公海漁業協定(「分布範囲が排他的経済水域の内外に存在する魚類資源(ストラドリング魚類資源)及び高度回遊性魚類資源の保存及び管理に関する1982年12月10日の海洋法に関する国際連合条約の規定の実施のための協定」)(1995年採択,2001年発効,2006年日本批准・発効)は前文でアジェンダ21に言及する。また,1990年代後半に採択された漁業協定のなかには,前文でアジェンダ21およびFAO行動規範に言及するとともに,条文規定でFAO行動規範の適用促進を明記するものもある。例えば,全米熱帯まぐろ類委員会強化条約(「千九百四十九年のアメリカ合衆国とコスタリカ共和国との間の条約によって設置された全米熱帯まぐろ類委員会の強化のための条約(アンティグア条約)」2003年採択,2010年発効,2008年日本加入書寄託・2010年日本発効)7条1項(n)。全米熱帯マグロ類委員会(IATTC)は,全米熱帯まぐろ類条約(「全米熱帯まぐろ類委員会の設置に関するアメリカ合衆国とコスタリカ共和国との間の条約」1949年署名)に基づき1950年設立(1970年日本加盟)。

(5) FAO行動規範について,J. Harrison, *Making the Law of the Sea: A Study in the Development of International Law*, Cambridge University Press, 2011, pp. 213-221. その他のFAO採択文書も含めた考察について,J. Harrison, "Actors and institutions for the protection of the marine environment," R. Rayfuse ed., *Research Handbook on International Environmental Law*, Elgar, 2015, pp. 66-68.

(6) 国連公海漁業協定前文・5条,中西部太平洋まぐろ類条約(「西部及び中部太平洋における高度回遊性魚類資源の保存及び管理に関する条約」2000年採択,2004年発効,2005年日本加入・発効)前文,2条・5条;全米熱帯まぐろ類委員会強化条約前文・2条・7条,南東大西洋漁業条約(「南東大西洋地域における漁業資源の保存及び管理に関する条約」2001年採択,2003年発効,2009年日本加入書寄託・2010年日本発効)前文・2条・3条,アジェンダ21第17章,FAO行動規範6条,SDGs目標14,等。

(7) FAO, *The State of World Fisheries and Aquaculture: Meeting the Sustainable Development Goals*, Rome, 2018, p. 45.

(8) *Ibid*.

上のような国際社会における海洋生物資源の利用と保存についての規範の発展プロセスにおいて，積極的に参画することを期待されている。しかし，近年，日本の漁業や日本政府の対応および主張に対する国際的批判，また，それを背景とする国際的な措置が目立っている。

たとえば，多数国間条約の下では，歴史的に日本が大量に漁獲し推定資源量が激減している太平洋クロマグロについて，地域漁業管理機関（RFMOs）における対応がある。具体的には，2014年以降の中西部太平洋マグロ類委員会（WCPFC）[10]における攻防と漁獲戦略の採択[11]などである。また，野生動植物国際取引規制ワシントン条約（CITES）[12]の下では，日本が大量消費してきたヨーロッパウナギが2007年に附属書Ⅱに掲載され，ニホンウナギを含む附属書未掲載のウナギについても，2016年の締約国会議（COP17）で採択された決議を受けて，常設委員会と専門委員会（動物委員会）で議論が続いている[13]。さらに，2017年には専門委員会（動物委員会）において，新北西太平洋調査捕鯨計画（NEWREP-NP）における北太平洋イワシクジラの捕獲（海からの持ち込

---

(9) 海洋基本法1条。

(10) 中西部太平洋まぐろ類条約に基づき2004年設立。

(11) *Harvest strategy for pacific Bluefin tuna fisheries, Harvest Strategy 2017-02, Western and Central Pacific Fisheries Commission, Commission fourteenth regular session, Manila, Philippines 3-7 December 2017*, available at 〈https://www.wcpfc.int/system/files/HS%202017-02%20Harvest%20Strategy%20for%20Pacific%20Bluefin%20Tuna_0.pdf〉(as of 6 May 2019). 水産庁「『中西部太平洋まぐろ類委員会（WCPFC）第14回年次会合』の結果について」（平成29年12月8日）〈http://www.jfa.maff.go.jp/j/press/kokusai/171208.html〉（2019年5月6日閲覧）。

(12) 「絶滅のおそれのある野生動植物の種の国際取引に関する条約」1973年署名，1975年発効，1980年日本受諾・発効。

(13) COP17の採択決議は，欧州連合（EU）提案（CoP17 Doc. 51）を受けたもので，取引量，資源状況等の調査に関するもの。Decisions 17. 187 & 188. *Convention on International Trade in Endangered Species of Wild Fauna and Flora, Seventeenth meeting of the Conference of the Parties, Johannesburg（South Africa）, 24 September-5 October 2016, Summary record of the fourth plenary session*, CoP17 Plen. Rec. 4（Rev. 1）, p. 6. 動物委員会は2018年の第30回会合で次回COP（COP18）に向け勧告案をとりまとめた。*Convention on International Trade in Endangered Species of Wild Fauna and Flora, Thirtieth meeting of the Animals Committee, Geneva（Switzerland）, 16-21 July 2018, Executive Summary, Monday 16 July 2018*, AC30 Sum. 1（Rev. 1）, pp. 3-4. なお，COP18では附属書掲載提案は行われない見込み。水産庁「ウナギをめぐる状況と対策について」平成31年4月〈http://www.jfa.maff.go.jp/j/saibai/pdf/meguru.pdf〉（2019年5月6日閲覧）。

み）にかかる条約適合性も問題提起され，2018年に常設委員会は条約不遵守と判断し，日本政府に対して是正勧告を行った[14]。そして，2000年代から世界貿易機関（WTO）では漁業補助金の問題が扱われ[15]，日本の対応も注目されている。また，国際裁判において，みなみまぐろ事件では日本の調査漁獲の当否が争われ，最終的に仲裁判決（2000年）で裁判管轄権が否定されたものの，それにいたるまでに，国際海洋法裁判所（ITLOS）は日本の意向に反する形で暫定措置命令を出した（1999年）[16]。加えて，国際司法裁判所（ICJ）は南極海捕鯨事件判決（2014年）において，日本政府による南極海調査捕鯨計画（JARPAII）への特別許可の発給をめぐり，日本の国際捕鯨取締条約（ICRW）[17]違反を認定し，許可取り消しなどを求めている[18]。

以上の状況は，海洋生物資源の利用と保存に関する国際規範のダイナミック

---

[14] 日本は太平洋イワシクジラの附属書I掲載につき留保しておらず，NEWREP—NPで捕獲されたその標本を国内に持ち込むこと（海からの持ち込み）は，CITESで規制されている「主として商業目的に使用されるもの」に該当し8条5項(c)の不遵守，との判断。*Convention on International Trade in Endangered Species of Wild Fauna and Flora, Sixty-ninth meeting of the Standing Committee, Geneva（Switzerland）, 27-November-1 December 2017, Summary Record, SC69 SR*, pp. 20-21; *Convention on International Trade in Endangered Species of Wild Fauna and Flora, Rosa Khotor, Sochi（Russian Federation）, 1-5 October 2018, Summary, Tuesday 2 October, Morning*, SC 70 Sum. 3（02/10/18）pp. 1-2.

[15] WTO, *Negotiations on fisheries subsidies*, available at 〈https://www.wto.org/english/tratop_e/rulesneg_e/fish_e/fish_e.htm〉（as of 5 May 2019）. WTOの交渉については，中川淳司「ドーハラウンド漁業補助金交渉と海洋生物資源保存管理レジーム——貿易レジームと資源保存管理レジームの交錯」『貿易と関税』690号（2010年）31-60頁；猪又秀夫「WTO漁業補助金交渉の経緯と論点：2009年2月～2011年4月を中心に」『農林水産政策研究』20号（2013年）13-35頁；C-J, Chen, *Fisheries Subsidies under International Law*, Springer, 2010, pp. 45-192；等。

[16] *Southern Bluefin Tuna Cases（New Zealand v. Japan; Australia v. Japan9, Provisional Measures, Order of 27 August 1999, ITLOS Reports 1999*, p. 280.

[17] 1946年署名，1948年発効，1951年日本加入・発効。

[18] *Whaling in the Antarctic（Australia v. Japan: New Zealand Intervening）, Judgment, 31 March 2014, I.C.J. Reports 2014*, p. 226 本判決については，坂元茂樹「日本からみた南極捕鯨事件判決の射程」『国際問題』636号（2014年）6-19頁；児矢野マリ「国際行政法の観点からみた捕鯨判決の意義」同43-58頁；等。なお，2018年12月に日本は国際捕鯨委員会（IWC：International Whaling Commission）に脱退を通告し，2019年7月の脱退にともない商業捕鯨を再開予定。首相官邸「平成30年12月26日　内閣官房長官談話」（平成30年12月26日）〈https://www.kantei.go.jp/jp/tyokan/98_abe/20181226danwa.html〉（2019年2月5日閲覧）。

な展開を，日本の関連国内法・政策は十分に受けとめているのか，という問いを提起する。いいかえれば，生態系に配慮した持続可能な漁業の実現に照らして，日本の国内法・政策のあり方は何か構造的な問題を抱えているのだろうか，という疑問である。

　一般に，漁業活動は国家の管轄下にある私人の活動であるため，それを規律する国際法の内容は，管轄国の国内法制とそれに基づく国内行政および司法のプロセスを通じて実現される[19]。また，非拘束的な国際文書の内容も，管轄国の国内法・政策に受容されて初めて現実のものとなる。したがって，生態系に配慮した持続可能な漁業の推進のため発展してきたこれら国際規範の実現は，各国の関連国内法秩序の変革や調整をともなうものとなるだろう。とすれば，日本に対する国際的な批判は，日本の国内法・政策がそれら国際規範の発展を適切に受けとめきれていないことの現れなのだろうか。そして，もしも日本による受けとめに問題がないとすれば，なぜこれほどまでに，日本に対する国際的な批判とそれを受けた国際的措置が相次いでいるのだろうか，むしろ国際的なフォーラムの側になにがしかの問題があるのだろうか，それとも他に原因があるのだろうか，という疑問もわいてくる。

II　本書のねらい

　本書のねらいは，以上の問いに応答することである。そのために，生態系に配慮した持続可能な漁業の実現をめざし発展してきた国際規範を，日本の国内法・政策がいかに受けとめているのか，ということをあぶりだし，その特徴を整理したうえで，日本の対応がそれら規範の追求するものと適合しているかについて，一定の評価を行う。また，適合性に疑義のある場合には，可能な範囲でその要因と対応策の検討を試みる。

　ここでは，生態系に配慮した持続可能な漁業の推進のため発展してきた国際規範として，主要な関連条約とともに，この分野で重視されている非拘束的な国際文書にも注目する。そして，条約の実施に加え，それにとどまらないより

---

[19] 海洋法秩序，宇宙法，国際人権法，国際人道法，国際環境法など，国際社会全体の利益の保護を目的とする法秩序を形成する国際法規（国際公法的な規則）一般に関する指摘として，小森光夫「国際公法秩序における履行確保の多様化と実効性」同『一般国際法秩序の変容』（信山社，2015年）155頁。

実質的な意味での国際規範の受容（多様な規範文書の根底にある理念や目的をも各国が国内法・政策に内面化することを含む）にも着目し，国際規範の受けとめについて検討する。前述したように今日では，条約も含めて多様な国際文書が生態系に配慮した持続可能な漁業の推進のため並存し，規範的な文書としてさまざまな役割を期待されているため，条約の実施という視点からのみでは，国際規範の発展のダイナミズムと国家によるその受けとめの全体像および特徴をとらえきることができないからである。

III　本書のアプローチ・分析視角・基本的概念

1　異なる学問領域間の協働・行政実務との対話

　本書では，法学のアプローチと政治学のそれとを組み合わせて，主に4つの学問領域——国際法を対象とする国際法学，国内公法を扱う行政法学，行政過程の構造と機能を分析する行政学，国際関係における政治現象を扱う国際政治学——からの知見に加え，行政実務からのコメントも得て，多角的な検討を試みる。なぜなら，前述した問いは，国際および国内双方の法と政治にまたがるものであり，それに応答するためには，実定法の解釈に加え，政治現象の因果関係分析と現象発生のメカニズムの解明を必要とするからである。そして，実践的な観点からは行政実務の知見も不可欠だからである。

　たとえば，ここでは国際法学のアプローチは必要だが十分ではない。前述の問いは，従来の国際法学の主題——法的拘束力のある国家間合意に照らした，国家の行為にかかる国際的合法性の評価——に深く関わるが，それのみにとどまらない射程をもつため，伝統的な国際法学のアプローチだけでは十分に応答できないからである。したがって，国家の負う国際義務の履行の観念に留意しつつも，それに関連する要因分析に加えて義務の履行に収斂され尽くされ得ない規範をめぐる検討も必要となり，ここにおいて政治学のアプローチが必要となる。また，この分野の国際法の国内受容を構造的に理解するためには，国内法，とりわけ公的な法規制を扱う行政法学の専門的知見が不可欠である[20]。そして，国内に受容された国際規範の実現プロセスでは行政が重要な役割を担うため，行政過程の構造と機能を分析する行政学との協働も必要となる。さらに，典型的には条約の締結や運用をめぐる国際交渉において，国家代表は国内にか

かる要因——交渉結果と自国の関連国内法・政策との整合性如何も含む[21]——を考慮するため，国際交渉過程の分析は国家による国際規範の受けとめ方の構造的理解に役立ち，国際政治学との対話もきわめて有効である。

　従来日本では，法学と政治学，また国際法学と国内実定法学との間では，現実の社会問題の解決に向けた積極的な対話は，ごく一部の分野[22]を除いて，あまり活発になされてこなかった。最近では，そのうち後者について，条約の国内実施や国内裁判所における条約の適用をめぐりいくつかの分野で議論が盛んになってきたものの[23]，依然として前者については，両者間で目的や方法・アプローチの相違もあり，本格的な学際的共同研究の実施は全体として低調なままといえよう[24]。

　本書は，この点を強く意識したうえでのプロジェクトであり，前述した4

---

[20]　本書の問いに応答するためには，日本の水産法制のあり方を踏まえれば，行政法学のみならず民事法学の知見も必要となる。みなし物権とされる漁業権が，日本の水産法制の重要な柱の一つだからである。ただし，ひとまず本書では公的規制の要素を重視して，行政法学との協働にとどめている。

[21]　日本では，通常，条約の採択までにはその国内実施のあり方（新規立法の要否，国会承認条約とするか否か）につき，関係省庁間で見解が一致しているという。松田誠「実務としての条約締結手続」『新世代法政策学研究』10号（2011年）316-317頁。

[22]　海洋一般については，UNCLOS採択を契機に1980年代から，国際法学と国内実定法学との間で対話が行われてきている。たとえば，日本海洋協会から刊行された『新海洋法条約の締結に伴う国内法制の研究』1号（1982年3月）〜4号（1985年3月），山本草二編『海上保安法制——海洋法と国内法の交錯』（三省堂，2009年），鶴田順編『海賊対処法の研究』（有信堂高文社，2016年）など。

[23]　すでに実績のある前述した海洋の分野に加えて，たとえば，環境，人権および経済の分野。環境条約の国内実施に関しては，学際的な実証研究（科研基盤A研究「環境条約の日本にける国内実施に関する学際的研究——国際・国内レベルでの規律の連関」（平成21年度〜25年度）（研究代表者：児矢野マリ）（研究課題番号：22243009），三井物産環境基金助成研究「持続可能な社会構築を推進するための国際環境条約の実行性確保に関する研究」（平成21年度〜23年度）（研究代表者：児矢野マリ）の全体的な成果として「特集1　環境条約の国内実施」『論究ジュリスト』7号（2013年）4-113頁（13の論文と5つのコラム）などがあり，環境法政策学会でも対話の試み（第23回環境法政策学会のシンポジウム企画「日本における環境条約の国内実施」（2019年6月9日，上智大学））がある。人権分野では，国内裁判所による人権条約の適用を中心に国際法学と憲法学などの議論の蓄積は多く，国際人権法学会では学際的な議論が頻繁に行われている。その成果は学会誌『国際人権』掲載の多くの論文や国際人権法学会編『講座国際人権法3　国際人権法の国内実施』（信山社，2011年）などに現れている。経済分野では，国際経済法学会を中心に学際的な議論があり，たとえばまとまった文献として，国際経済法学会編『国際経済法講座I』（法律文化社，2012年）などがある。

つの学問領域がともに関わる共同研究[25]の中間成果である。具体的には，国際法学や国際政治学からの論考に対して，行政法学，行政学および国際政治学からのコメントに加えて，行政実務からのコメントから成る。このようにして，本書は，現実社会の実践的な課題をめぐり異なる学問領域間の対話，ひいてはそこに実務家も加わる形での議論を推進することについて，なにがしかの示唆を提示することもねらっている。

2　国際規範の受けとめ方という視点

先に述べたように，本書では，日本によるこの分野の国際規範の受けとめについて，そのあり方を実証的に分析して構造的な特徴を把握するとともに，国際規範の追求するものとの適合性を評価する。さらに，適合性に疑義がある場合には，可能な範囲でその要因と対応策の検討も試みる。そして，国際規範の受けとめ方の把握においては，主要な関連条約の実施とともに，この分野で一般に重視されている非拘束的な国際文書にも留意し，条約の実施にとどまらないより実質的な意味での国際規範の受容のあり方にも着目する。

その際，まず条約の実施とは，条約を作動させるために国家が立法その他の措置を講じること，ととらえる。これは，条約の定める義務の履行や遵守とはレベルを異にする概念であり，国家の行為（作為または不作為）が個別義務の命令内容と適合するかという法的評価（合法性の評価）とは異なる。また，個別の義務にのみ焦点を当てるのではなく，条約目的の達成，またそれに照らした関連規定の趣旨という視点からも，締約国のとる措置に着目するものである。さらに，RFMOsや締約国会議（COP）などを含む条約の実施機関による決定を受けて，または，この分野で一般に正統性の高い国際組織の決定なども考慮して，締約国が条約を作動させるための措置をとることも，実施の概念に含まれる。そして，条約実施をプロセスとしてとらえ，国内法制における条約の規定内容の編入措置とその運用のあり方をみる[26]。

次に，条約の実施にとどまらないより実質的な意味での国際規範の受容とは，

---

[24]　ただし，法政策系の学会は増えており，それらを中心に対話の機会は増えつつある。その典型例は，環境法政策学会（1997年設立），日本海洋政策学会（2011年設立）など。

[25]　科研基盤研究B「グローバル化時代における海洋生物資源法の再構築――国際・国内法政策の連関の視点から」（研究代表者：児矢野マリ）（2016～2019年度）（研究課題番号：16H03570）。

さまざまな規範文書（条約や非拘束的な国際文書）の根底にある理念や目的をも，各国が国内法・政策に内面化することを含む。これは，外形的には個別条約やその他の国際文書の実施それ自体と重なるところもあるが，理論上はそれとは異なるレベルで認識される。そして，本書においては，この分野の主要な国際文書――条約および条約内外の非拘束的な国際文書――に含まれる国際規範の中心的な内容を同定したうえで，それが日本の法・政策においていかに受容されているか，ということを分析する。

なお，本書ではいくつかの主要な論点に焦点を当て，日本による国際規範の受けとめ方の把握と，国際規範の追求するものとそれとの適合性の評価を中心に行う。そして，適合性に疑義がある場合の踏み込んだ検討も含めて，日本による国際規範の受けとめにかかる包括的な分析とその結果の統合的な整理は，本書の基礎となる共同研究プロジェクトの進捗を受けてその最終成果として示すことにし，本書では本格的には扱わない。

3　国際規範の受けとめ方に関する評価の枠組

本書において，国際規範の追求するものに照らした日本の受けとめ方の適合性は，以下に掲げる3つのレベルで捉えられる。すなわち，第1に，生態系に配慮した持続可能な漁業という理念の実現への貢献（①），第2に，条約の目的との適合性またはその実現への貢献（②），第3に，条約規定やRFMOsの拘束的決定に基づく義務の遵守またはそれへの貢献（③），である[27]。

以上の3つのレベルは，それぞれ，③は日本による義務の履行確保のあり方，②は条約目的の実現に対する日本のコミットメントの度合い，①はこの分野における国際社会の公的利益の実現と，そのための将来の国際法の形成に対する日本のコミットメントのあり方に，関連する。これは，国際的な合法性の

---

[26]　環境条約および空間・天然資源・エネルギーの利用に関する条約の実施の概念および条約実施のプロセスについて，児矢野マリ「グローバル化時代における国際環境法の機能――国内法秩序の「変革」・「調整」による地球規模の「公的利益」の実現」『論究ジュリスト』23号（2017年）61頁．cf. C. Redgwell, "National Implementation," in D. Bodansky, J. Brunnée & E. Hey eds., *The Oxford Handbook of International Environmental Law*, Oxford UP, 2007, p. 925; UNEP, *Compliance Mechanisms Under Selected Multilateral Environmental Agreements*, p. 21.

[27]　適合性に関するこの枠組みは，児矢野・前掲論文注[26]66-68頁に記したものを，この分野における検討のために整序したものである。

評価の問題を重視しつつも,一般に規範の概念をより広く定義し国家の行動の基準として合法性の要素を相対的にとらえる政治学の発想も組み込み,適合性の観念を広くとらえたものである。

なお,上記①にいう生態系に配慮した持続可能な漁業という抽象的な理念の意味内容は,漁業分野では今や国家間で広くその正統性が認められているFAO 行動規範をはじめとする FAO の採択文書[28]や,近年さまざまな文脈で注目されている SDGs などを通じて把握されうる。また,上記①および②という2つのレベルにおける評価は,この分野の条約は生態系に配慮した持続可能な漁業の実現をめざすことも多いことから,個別の文脈では事実上相互に重なる場合も多いだろうが,理論上は区別される。そして,今日の関連条約のあり方に照らして,上記②では,評価のプロセスにおいて,予防的アプローチ,生態系アプローチなどといった一般に広い射程をもつ条約の基本原則,当該条約に基づき RFMOs や COP で採択された非拘束的合意,時間の要因および時間の経過に伴う概念・規範内容・諸条件の変化などの諸要因に,留意する必要がある。

さらに,一般に上記③で鍵を握るのは,個別義務の履行において各国に許容される裁量の有無と程度であり,この意味で当該義務が国際義務の3分類──(a)結果の義務,(b)特定事態発生の防止義務,(c)実施・方法の義務[29]──のいずれに該当するかという視点は,評価の出発点として重要である。すなわち,(a)と(b)は各国に結果の達成または発生防止にいたる手段選択の自由を認めるが,(c)にはその余地はなく,(a)では相当の措置をとっていれば,結果が発生しても違反にはならない。そして,個別義務がそのいずれに該当するかについての判断は,国内実施としてとるべき措置に関する各国の政策決定に前提となるからである。ただし,これら個別義務の履行において各国に認められる裁量について考える際には,条約規定の解釈における非拘束的合意,時間の要因および時間の経過に伴う概念・規範内容・諸条件の変化といった要因の位置づけにも,一定の配慮が必要である。さらに,条約規定の解釈における条約目的の考慮の必要性との関連では,上記②と③は重なる面もある。

---

[28] 国際的な漁業規制における FAO およびその採択文書の重要性については,Harrison, *supra* note 5, 2011, pp. 200-236. とりわけ FAO 行動規範の意義につき,*Ibid.* pp. 213-221.

[29] このような義務の三分類については,山本草二『国際法(新版)』(有斐閣,1994 年)113-114 頁。

4 グローバル化時代における漁業資源管理の法と政策を，生態系に配慮した持続可能な漁業という地球規模の公的利益の実現プロセスに位置づける，という基本的発想

以上のアプローチの前提にあるのは，今日におけるこの分野のダイナミックな国際規範の展開をめぐる次のような認識である[30]。すなわち，第1に，近年の海洋生物資源の利用と保存に関する国際法を含む国際規範の発展は，とりわけ漁業に関しては，生態系に配慮した持続可能な漁業という国際社会全体の利益，すなわち国際的な公的利益の実現に向けたプロセスであること[31]，である。第2に，とくに1990年代以降の国際社会では国連環境開発会議（リオサミット）を契機に，漁業法は環境法と交錯し[32]，さらには経済法の議論も絡んで[33]，さまざまな分野に関連する形で発展しつつあること，である。第3に，そのようなプロセスは，事後の実行による国連海洋法条約（UNCLOS）の適応[34]に加えて，RFMOsやCOPなど条約実施機関の決定（法的拘束力のある措置または非拘束的合意）を通じて目的達成をめざすという漁業条約や多数国間環境条

---

[30] 今日ではこのようなあり方は，海洋生物資源の利用と保存に関する分野に限らずさまざまな分野に一定程度当てはまるだろう。たとえば環境分野や空間・天然資源・エネルギーの利用に関する分野について，児矢野・前掲論文注(26)62-70頁。

[31] なお，国際規範の発展を支える多数国間条約について，それがひとたび成立すればそれ以降の展開については必ずしも立法府による統制が十分に及ばない点で，民主的正統性に関する問題を生じうる。しかし，本書では紙幅の都合もありこの問題については掘下げない。この点に関する考察として，伊藤一頼「国際条約体制に正統性はあるのか――民主的正統性を超えて」『法学教室』444号（2017年）133-139頁，等。

[32] 両者間の相互関係や調整問題を論じるものとして，A. Boyle, "Relationship between International Environmental Law and Other Branches of International Law," Bodansky, *et al. supra* note 23, pp. 130-132 & 138-140; S. Borg, *Conservation on the High Seas: Harmonizing International Regimes for the Sustainable Use of Living Resources*, Edward Elgar Publishing Ltd., 2012, pp. 10-16, *etc.*

[33] 前述した漁業補助金の問題に加え，IUU漁獲物の輸出入規制と自由貿易体制との関係にかかる議論もある。この点について，石川義道「IUU漁業対策としての特定国に対する輸入制限――地域漁業管理機関における実効とEUの動向の分析」『成城法学』85号（2017年）55-93頁。

[34] I. Buga, "Between stability and change in the Law of the Sea Convention: subsequent practice, treaty modification, and regime interaction," D. R. Rothwell, A. G. Oude Elferink, K. Scott & T. Stephens (eds.), *The Oxford Handbook of the Law of the Sea*, Oxford University Press, 2015, pp. 3-68.

約の「進化する」(evolving) 性質[35]に，支えられていることである。すなわち，科学技術や自然・社会・経済的な諸条件などに関して不断に変化する状況に応じて，条約の目的達成に向け規律の具体的内容および運用のあり方が変化していくという，この分野における多数国間条約のあり方に支えられている。第4に，これら条約の進化や変化は，各国の国内法制によるその受けとめを通じて，国内法秩序に不断の変革や調整をもたらす端緒となること，である。第5に，今日では，FAO 行動規範や SDGs など国際機関の採択する非拘束的な国際文書も，条約などの法的合意を事実上補完して国家の行動を一定程度方向づけ，国内法秩序のあり方に影響を与えるとともに，条約や国際慣習法を含む法的拘束力のある国際文書の将来の発展を促している[36]こと，である。第6に，MSC 漁業認証[37]などの国際認証や国際規格，業界の行動規範など国家の介在しない規範も地球規模で展開し，国家という「フィルター」を介さずに国内の規律空間に入り込み，国家間の合意に基づく公的規制と機能上さまざまな相互関係に立ちながら，事実上，国内法秩序の変革を促していること[38]，である。そして最後に，国際規範の発展プロセスは国際から国内へというベクトルに尽きるものではなく，各国の国内法・政策が国際規範の形成プロセスで大きな要因とな

---

[35] 多数国間環境条約についてはこの点を指摘する論者は多い。E.g. 児矢野・前掲論文注[26] 62 頁；T. Gehring, "Treaty-Making and Treaty Evolution," in Bodansky, *et. al. supra* note 23, pp. 467-497. 漁業条約のうちとりわけ魚種別／地域漁業条約は，具体的規則を明示せずその作成を条約に基づき設置する RFMOs に委ねているものが多いという意味で，この性質はより明瞭だろう。南極海捕鯨事件 ICJ 判決で裁判所は ICRW を「進化する文書」と性格づけた（para. 45, *Judgement, supra* note 18.）が，その指摘は多くの魚種別／地域漁業条約に当てはまるだろう。

[36] とくに FAO 行動規範も含む FAO 採択文書について，前掲注(5)参照。

[37] 海洋管理協議会（*Marine Stewardship Council*）による，持続可能で適切に管理され，環境に配慮した天然漁業を認証する国際認証。1997 年に始まり国際的に広く認知されている。MSC, *The MSC Standards*, available at 〈https://www.msc.org/standards-and-certification/the-msc-standards〉 (as of 5 May 2019). MSC は，世界の水産資源の維持・回復や海洋環境の保全をめざし，認証プログラムとエコラベルを通じて持続可能で適切に管理された漁業を推進している国際的な非営利団体。ロンドンに本部をおき，欧米を中心に日本，中国，豪州も含め約 20 か国に事務所がある。MSC, *What is the MSC?*, available at 〈https://www.msc.org/about-the-msc/what-is-the-msc〉 (as of 5 May 2019).

[38] なお，これらは私的規範としてその民主的正統性が問題となりうるが，この点については本書では触れない。この点に関する議論については，伊藤一頼「私的規範形成のグローバル化がもたらす正統性問題への対応──国内公法理論からの示唆に着目して」『論究ジュリスト』23 号（2017 年）8-13 頁，等。

る契機も大きいこと，である。この意味で，国際的な規律空間と国内的なそれとの間の関係には，相互連関に支えられた規範の形成と実現における循環もみられるのである。

　以上のように，グローバル化時代における海洋生物資源の利用と保存に関する国際規範の発展は，漁業に関しては，生態系に配慮した持続可能な漁業という国際的な公的利益の実現に向けて，さまざまな分野の規律とも密接に関わりつつ，かつ関係国の国内法・政策の影響を受けながら，法的および非法的な諸要因の作用する複雑なプロセスをともない，各国の国内法秩序に対して不断の変革や調整を迫るものとなっている。したがって，前述した本書の問いに応答するためには，さまざまな分野，国際と国内の両面および法と非法にまたがるその複雑なプロセスの構造を，多角的に分析する必要がある。

Ⅳ　本書の構成

1　全体構成

　本書は2つの部から構成される。第Ⅰ部は研究論文から成り，生態系に配慮した持続可能な漁業を支えるものとして，2つの基本的なアプローチおよびIUU（違法・無規制・無報告）漁業の規制について，国際法学と国際政治学の研究者による3つの論考を含む。第Ⅱ部は，以上の3つの論考を踏まえた本書の問いに関するコメントから構成される。具体的には，3つの学問領域 ── 行政法学，行政学および国際政治学 ── と行政実務の観点から出される5つのコメントを含む。

2　第Ⅰ部：論考

　第Ⅰ部においては，まず，生態系に配慮した持続可能な漁業の実現にかかる1つめの柱として，2つの基本的アプローチに関する論考が含まれる。ここでは，国際法学から「予防的アプローチ」（precautionary approach）に，また政治学から「生態系アプローチ」（ecosystem approach）について，それぞれ焦点を当てる。これら2つのアプローチは，時系列的には1990年代初めに採択された海洋汚染防止のための条約も含む環境条約での明示[39]に続いて，漁業分野では，1995年に採択された国連公海漁業協定（5条・6条）およびFAO

行動規範（6条・7条）で基本原則として明記された[40]。そして今日，いくつかの魚種別／地域漁業条約がこれらを基本原則として定め[41]，FAOも関連する文書を採択している[42]。また，生物多様性条約は海洋も射程範囲に含み，海洋生態系に関連するCOP決議も多い[43]。このようにして，これら2つのアプローチは海洋生物資源の利用と保存の分野で重視されつつある[44]。また，これらは基本原則として一般に広い射程をもつことに加えて，条約上の具体的な義務[45]やRFMOsの採択する保存管理措置[46]などを通じて，その内容が具体的な法的要請として定式化される場合も現れている。また，生態系アプローチを導入す

(39) 1992年採択に採択された気候変動枠組条約（「気候変動に関する国際連合枠組条約」1994年発効，1993年日本受諾・発効）（3条3項），生物多様性条約（「生物の多様性に関する条約」1993年発効，同年日本受諾・発効），OSPAR条約（「北東大西洋の海洋環境の保護のための条約」1992年採択，1998年発効）（2条1項(a)・同条2項(a)・附属書V）およびバルト海保護ヘルシンキ条約（「バルト海域の海洋環境の保護に関する条約」1992年作成，1994年発効）（前文・3条1項・同条2項・15条），1995年採択の地中海保護バルセロナ条約（「地中海の海洋環境および沿岸域の保護に関する条約」2004年発効）（4条3項(a)・10条），等。海洋投棄規制ロンドン条約1996年改正議定書（「1972年の廃棄物その他の物の投棄による海洋汚染の防止に関する条約の1996年の議定書」2006年発効，2007年日本加入・発効）は，初めて普遍的な海洋汚染防止条約で両アプローチを明示（前文，1条10項・3条1項）。

(40) なお，南極海洋生物資源保存条約（「南極の海洋生物資源の保存に関する条約」1980年作成，1982年発効，1981年日本受諾・82年日本発効）は，既に1980年代初めに条文規定で生態系アプローチを明記している（2条3項）。これは南極地域の特殊性による例外。

(41) E.g. 中西部太平洋まぐろ類条約5条(c)(f)・6条・8条，全米熱帯まぐろ類委員会強化条約4条・7条，南東大西洋漁業条約3条(b)(f)・6条(g)・7条，北太平洋漁業資源条約（「北太平洋における公海の漁業資源の保存及び管理に関する条約」2012年採択，2015年発効，2013年日本受諾）3条(c)(d)(e)。なお，2018年に大西洋まぐろ類保存国際委員会（ICCAT）（大西洋まぐろ類保存条約（「大西洋のまぐろ類の保存のための条約」1966年採択，1967年日本批准・発効）に基づき1969年設立）で合意された条約改正案3条bis(a)。ICCAT, *Report for biennial period, 2018-2019 Part I (2018) -Vol. 1, Proceedings of the 21st Special Meeting of the Commission*, COM, Madrid, Spain, 2019, p. 3 & 306, available at 〈https://www.iccat.int/Documents/BienRep/REP_EN_18-19_I-1.pdf〉(as of 5 May 2019).

(42) E.g. FAO, *Precautionary Approach to Capture Fisheries and Species Introductions*, FAO Rome, 1996; FAO, *Reykjavik Declaration on Responsible Fisheries in the Marine Ecosystem*, 2001 adopted at *the Reykjavik Conference on Responsible Fisheries in the Marine Ecosystem, Iceland, 1-4 October 2001*; FAO, *Putting into practice the ecosystem approach to fisheries*, FAO Rome, 2005; FAO, *International Guidelines for the Management of Deep-Sea Fisheries in the High Seas*, FAO Rome 2009.

る条約その他の国際文書は予防的アプローチにも言及する傾向があるとされ，一定数の論者が，生態系のメカニズムをめぐる科学的不確実性を考慮すれば両者の連関は必然であるという[47]。ただし，これまで国際裁判所はこれらのアプ

---

(43) E.g. Decision II/10 B: *Conservation and sustainable use of marine and coastal biological diversity*, the so-called Jakarta Mandate, available at 〈https://www.cbd.int/decision/cop/default.shtml?id=7083〉（as of 6 May 2019）; *Decision VII/5: Marine and coastal biological diversity: Review of the programme of work on marine and coastal biodiversity, Decision adopted by the Conference of the Parties to the Convention on Biological Diversity at its seventh meeting*, UNEP/CBD/COP/DEC/VII/5, 13 April 2004; Decision X/2. *The Strategic Plan for Biodiversity 2011-2020 and the Aichi Biodiversity Targets, Decision adopted by the Conference of the Parties to the Convention on Biological Diversity at its tenth meeting*, UNEP/CBD/COP/DEC/X/2, 29 October 2010, especially see Target 6.

(44) とりわけ伝統的な海洋法の海域管理アプローチの弱点克服におけるこれらのアプローチの有効性を説くものとして，Y. Tanaka, *A Dual Approach to Ocean Governance: The Cases of Zonal and Integrated Management in International Law of the Sea*, Ashgate, 2008, pp. 75-93.

(45) 国連公海漁業協定 6 条 3 項(b)・附属書 II が求める管理基準値を活用した資源管理は，予防的アプローチの具体的定式化である。全米熱帯まぐろ類委員会強化条約 4 条および中西部太平洋まぐろ類条約 5 条も同様に，基準値を活用した資源管理を要求する。

(46) 予防的アプローチについては，WCPFC における管理基準値の設定，みなみまぐろ保存条約（「みなみまぐろの保存のための条約」1990 年署名，1994 年発効，1994 年日本批准・発効）に基づき設置されたみなみまぐろ委員会（CCSBT）で 2011 年に採択された管理措置（Management procedure）（バリ管理方式），等。ICCAT や WCPFC などで現在策定中の管理戦略評価（MSE）も，予防的アプローチに基づく科学的な管理方式確立の試みといえよう。なお，2012 年頃までの全般的動向については，P. de Bruyn, H. Murua & M. Aranda, "The Precautionary approach to fisheries management: How this is taken into account by Tuna regional fisheries management organisations (RFMOs)," *Marine Policy* 38（2013）pp. 397-406. 生態系アプローチについては，たとえば絶滅危惧種やその他の漁業対象魚種以外の生物種（サメ，イルカ，ウミガメ，海鳥など）の混獲規制措置がある（IATTC, WCPFC, CCSBT, 等）。近年では，脆弱な海洋生態系（VME）に対する漁業の規制として底引き網を含む底魚漁業を対象とする措置（北東大西洋漁業条約（「北東大西洋の漁業についての今後の多数国間の協力に関する条約」1980 年署名，1982 年発効）に基づく北東大西洋漁業委員会（NEAFC），北西大西洋漁業条約（「北西大西洋の漁業についての今後の多数国間の協力に関する条約」1978 年採択，1979 年発効，1980 年日本加入・発効）に基づく北西大西洋漁業機関（NAFO），南極海洋生物資源保存条約に基づく南極海洋生物資源保存委員会（CCAMLR），南東大西洋漁業条約に基づく南東大西洋漁業機関（SEAFO））や，海洋保護区の設置（CCAMLR）も現れている。R. Rayfuse, "Regional Fisheries Management Organizations," Rothwell, *et al.* (eds.), *supra* note 31, pp. 457-459.

ローチを明示的に適用することには消極的であり，これはその内容の一般性，帰結の文脈依存性などによる。このようにして，条約規定や RFMOs の保存管理措置などを通じてその内容が具体化されていないところでは，これらアプローチの実際の適用は必ずしも容易ではない。けれども，そのことはこれらのアプローチの規範性を否定するものではない。少なくとも予防的アプローチについては，既存の国際法規則の解釈の要素として用いることは可能であり[48]，国際裁判でもその例は現れているからである[49]。したがって，この新たな２つのアプローチに着目した分析は，本書のねらいに応えるためにきわめて有効である。

次に，２つめの柱となる IUU 漁業の規制に関しては，とくに寄港国措置に

---

[47] *E.g.* Tanaka, *supra* note 44, pp. 82–87; S. B. Kaye, *International Fisheries Management*, Kluwar, 2001, pp. 273–274.

[48] Y. Tanaka, *The International Law of the Sea, 2nd ed.*, Cambridge University Press, 2015, p. 255–256.

[49] 海洋紛争に関して，UNCLOS に明示規定がないにもかかわらず，ITLOS が，このアプローチの基礎にある考え方を一定程度考慮して暫定措置命令を出した判例がある（みなみまぐろ事件暫定措置命令，*supra* note 11, para. 77；MOX 工場事件暫定措置命令（*MOX Plant (Ireland v. United Kingdom), Provisional Measures, Order of 3 December 2001, ITLOS Reports 2001*, para. 84.）；ジョホール海峡埋立て事件暫定措置命令（*Land Reclamation in and around the Straits of Johor（Malaysia v. Singapore）, Provisional Measures, Order of 8 October 2003, ITLOS Reports 2003*, para. 99.））。また深海底の鉱物資源の探査・開発活動に関して，ITLOS は勧告的意見で，これらの活動を規制する ISA 採択の鉱業規則に基づき保証国が負う予防的アプローチの適用義務を明言するとともに，このアプローチを明示する条約およびその他の文書の激増は，これが国際慣習法の一部となる傾向も示すものとした（深海底活動に関する保証国の責任・義務に関する ITLOS 海底裁判部勧告的意見（*Responsibilities and obligations of States with respect to activities in the Area, Advisory Opinion, 1 February 2011, ITLOS Reports 2011*, paras. 125–137 & 135.））。他方で，生態系アプローチについては，UNCLOS の規定解釈において生態系の観念を考慮したと思われる ITLOS の判例および仲裁判決はあるが，その言及はごく一般的なものにとどまる。ITLOS は，UNCLOS192 および 193 条の基礎にある海洋環境の保護および保全義務は EEZ における漁業にも及ぶとし，その関係で海洋生物は海洋環境の一部であると明示した（みなみまぐろ事件暫定措置命令，*supra* note 15, para. 70；「持続的漁業と旗国・沿岸国の義務」に関する勧告的意見（*Request for Advisory Opinion submitted by the Sub-Regional Fisheries Commission, Advisory Opinion, 2 April 2015, ITLOS Reports 2015*, para. 216））。また，194 条は汚染防止のみならず生態系の保護と保全にも及ぶとする仲裁判決（チャゴス諸島海洋保護区事件仲裁判決（*Arbitral Award, Case No. 2011-03, Chagos Marine Protected Area Arbitration（Mauritius v. United Kingdom）, 19 March 2015, Reports of International Arbitral Awards, Vol. XXXI*, pp. 359–606, para. 538.））もある。

焦点を当てた国際法学からの１つの論考が示される。今日の国際社会では，持続可能な漁業に対する最大の脅威の１つは，IUU漁業であるといわれている[50]。そして，漁業の分野では1990年代以降，公海漁業保存措置遵守協定[51]や公海漁業協定（第六部）といった普遍条約の採択に加えて，RFMOsにおけるさまざまな関連措置[52]の採択が相次いでいる。近年では，とりわけ寄港国措置の有効性が注目され，FAOによるIUU漁業防止等国際行動計画（2001年）[53]の採択に続いて，具体的な規制措置を定める違法漁業防止寄港国措置協定（寄港国措置協定）[54]も採択され，日本は2017年にこの条約に加入した。このような昨今の活発な動きを踏まえれば，IUU漁業の規制，そのなかでも寄港国措置に焦点を当てた分析は，本書のねらいを達成するためには最適である。

以上述べた第Ⅰ部における３つの論考では，各執筆者の専攻および関心にそって，また各テーマの現状を踏まえて，それぞれ独自の視点から分析が行われている。まず，予防的アプローチについては，国際法を専攻する堀口健夫が，その法的含意に関する論争を意識しつつ，UNCLOS上の生物資源保存義務に焦点を当て，漁業分野における同アプローチの発展を踏まえてあるべき条約解釈を検討する。そして，それに照らして，日本の国内実施の現状と課題について考察する。ここでは，漁業資源の利用と保存にかかる国際法の中心にあるUNCLOSの条約規定の発展的解釈と，それを踏まえた条約義務の遵守を基軸に，分析が行われる。この作業は，前述した国際規範の追求するものとの適合性に関して，主に上記③のレベルに関する分析であり，適宜上記②のレベルにかかる検討も組み込むものである。そして，堀口によれば，UNCLOS上の生

---

[50] FAO, *Illegal, Unreported and Unregulated (IUU) fishing* available at 〈http://www.fao.org/iuu-fishing/en/〉(as of 5 May 2019).

[51] 「保存及び管理のための国際的な措置の公海上の漁船による遵守を促進するための協定」（コンプライアンス協定），1993年作成，2003年4月，2003年日本受諾・発効。

[52] 旗国によるオブザーバー制度，衛星船位測定送信機（VMS）の搭載，洋上検査，統計証明制度・漁獲証明制度，漁船のポジティブ・リストおよびネガティブ・リス路寄港国措置，等。

[53] FAO, *International Plan of Action to Prevent, Deter and Eliminate Illegal, Unreported and Unregulated Fishing*, Rome, 2001, available at 〈http://www.fao.org/3/a-y1224e.pdf〉(as of 6 May 2019). 2001年3月2日第24回FAO水産委員会（COFI）採択，同年6月23日第120回FAO理事会承認。

[54] 「違法な漁業，報告されていない漁業及び規制されていない漁業を防止し，抑止し，及び排除するための寄港国の措置に関する協定」（違法漁業防止寄港国措置協定），2009年採択，2016年発効，2017年日本加入・発効。

物資源保存義務は，時間の経過にともない予防的アプローチに配慮する形で発展してきたと解釈される一方で，日本の国内法では，条文上も，またその運用上も，同アプローチに基づいた意思決定の制度化は不十分であるという。ただし，昨今の水産規制改革においては条約により整合的な動きもみられ，今後のさらなる検討が必要だという。

次に，生態系アプローチについては，国際政治学を専攻する大久保彩子が，マクロの視点で生態系アプローチを捉え，政策論の観点から迫る。なぜなら，既存の国際文書に明記された生態系アプローチは多相的であり，かつ文脈依存性が高く，その適用では一般に国家に広い裁量が認められているため，個別条約の実施に焦点を当てた分析では，国内における生態系アプローチの受けとめの本質をとらえることは難しいからである。このようにして，この論考では，生態系アプローチの中心にある理念や原則が，日本の主要な漁業関連法や施策における規定および管理措置と実質的にいかなる対応関係にあるかについて，法の外にある諸要因も考慮して分析が行われる。そして，国際的な議論に照らして，日本による受けとめ方の構造的な特徴が明らかにされる。以上の分析は，前述した国際規範の追求するものとの適合性について，上記①のレベルに関する分析を中心に据えている。そして，大久保によれば，日本における生態系アプローチの実施においては，漁獲対象種の再生産の促進を目的とした漁場環境の保全には積極的だが，国際規範の求める非漁獲対象種の保全や投棄の最小化といった課題に対する政策的位置づけはきわめて限定的であるという。また，海洋保護区のあり方も，国際的に広く受け入れられた規範との齟齬をきたしているという。

最後に，IUU漁業の規制について，国際法を専攻する鶴田順が，近年その有効性が注目されている寄港国措置に焦点を当てた論考を呈示する。ここでは，これまでのFAOとRFMOsの取組みを踏まえたうえで，とくに寄港国措置協定に焦点を当て，その日本の加入時の対応に留意し，日本による受けとめ方を分析する。条約の定める個別義務の遵守のみならず寄港国措置の目的の達成という観点からも，日本の関連国内法令などを批判的に検討し，課題の克服策を提示する。これは，前述した国際規範の追求するものとの適合性に関して，上記③に加えて上記②のレベルにかかる分析であり，上記①のレベルに関する検討も適宜組み込んでいる。鶴田によれば，日本の国内法では外国漁船の寄港許可制に加えて，IUU漁船リスト掲載船舶から非掲載船舶への洋上での漁獲

物の転載も規制しており，この点は，寄港国措置協定の目的実現にとって有効であるという。けれども，その規制を実際に執行していくためには，衛星船位測定送信機（VMS）の搭載義務付け，「漁獲証明制度」の構築など，条約義務の履行にとどまらないより積極的な国内法を整備する必要があるという。

3　第Ⅱ部：コメント

　以上の論考を踏まえて，第Ⅱ部ではさまざまな角度から5つのコメントが示される。ここでは，第Ⅰ部の研究論文に対して，また各論文が扱ったテーマや論点に関して，さらには日本による国際規範の受けとめ方全般について，学際的な視点から補足的または批判的なコメントや問題提起が行われ，さらに新たな論点や課題が提示される。第Ⅱ部のねらいは，第Ⅰ部の論考で示された知見を異なる視点から相対化し，日本による国際規範の受けとめに関して多角的な議論を喚起するための端緒を得ることである。また，そのことより，本書を支える共同研究プロジェクトに，あらたな弾みをつけることも期待される。

　ここでは，本書のねらいに照らして，執筆者間でその比重のおき方に違いはあるものの主に3つの点が扱われる。第1には，本書の問いに応答するための研究方法・アプローチに関する問題である。ここでは，法学と政治学がともに関わる学際的共同研究のアプローチの意義と課題についても，指摘されよう。第2には，第Ⅰ部で扱った個別テーマに関する知見にかかる問題であり，各論考を踏まえて提起されるいくつかの論点などをめぐる議論である。第3には，国際規範の受けとめに関して日本の国内法・政策のあり方全般に共通する構造的問題にかかるものであり，本書の掲げる問いへの応答として，第Ⅰ部の論考の集約的結論に関する検討である。これは，今後の学際的研究の方向性について，マクロの視点からの重要な示唆を含む。

　このようにして，第Ⅱ部では，5名の専門家がそれぞれの見地から以下のようにコメントを呈示する。第1に，国内法の観点からは2つのコメントが示される。1つめは，漁業資源の管理に関するものである。ここにおいて松本充郎は，日本の国内法上の漁業制度とその関連法制を，その歴史も含めて概観し，国内法制度と国際的な制度との乖離について，漁業関連法制と環境法との関係に留意しつつ言及する。そして，第Ⅰ部の論考における問題提起を踏まえ，既存法の運用による対応の限界および従来の漁業法の改正の必要性をあらためて確認するとともに，従来のTAC法の統合を含む直近の漁業法の大改正にも触

れ，その評価は今後の検討課題とする。

　国内法の観点からの2つめのコメントは，違法漁業の規制にかかる実効性確保手段としての刑罰に関するものである。田中良弘によれば，違法漁業に関する刑罰規定の執行は十分機能しておらず，その推定される理由を踏まえれば，国際法の国内実施の実効性確保のためには，条約目的に照らした漁業関連法の目的規定の見直しや，刑法理論との整合性や執行の可能性・容易性に配慮した法整備が必要であるという。また，経済的インセンティブの低下をねらう違法水産物の流通防止にかかる国際規制に関しては，その実効性確保においてドメスティックな性格を有する刑罰の果たしうる役割の検討が，今後の重要課題という。

　第2に，行政学からのコメントとして久保はるかは，日本における既存の漁業資源管理体制およびその変化を，規制空間における行政の役割という観点からとらえる。そして，直近の漁業法改正に公的管理の強化をみる一方で，国際規範の受容を行政，科学および現場漁業者のレベルでとらえ，とりわけ漁業者を含む諸アクターによるボトムアップの規制空間の拡がりの可能性を指摘し，そこにおける将来の規制の合理的な規制の必要性を指摘する。

　第3に，国際政治・外交の観点から，阪口功は日本の漁業外交およびその国内要因（漁業権の特殊性，水産予算配分の硬直性，貧弱なNGOセクター，産官学の三位一体構造など）──日本の後進的な漁業資源管理を支える要因──を指摘する。そして，この点に留意し，国際規範の受容における日本の消極性の原因を，直近の漁業法改革のあり方も含めて，法学および政治学が融合し学際的に掘り下げることの必要性を指摘する。そのうえで，第Ⅰ部の論考それぞれの知見について，政治学的な要因分析が有効であることを具体的に説明する。

　最後に，行政実務担当者からのコメントとして，牧賢司は，水産物の安定的な供給確保と生物多様性保全の観点から，漁業資源管理の重要性を指摘する。そして，予防的アプローチや生態系アプローチの導入に当たっては，日本の多様な漁業の実態（魚種・漁法の多様性，多くのステークホルダーの存在，地域漁業の多様性）を踏まえた管理の難しさに留意しつつ，現場における共通価値の醸成も必要であるという。IUU漁業対策は，これまでの国内措置の整備に加え寄港国措置の追加で強化されており，近年の「水産政策の改革」では，予防的な措置へより踏み込んだ資源管理が推進されるという。

V　本書における全体的な知見の総括

1　日本による国際規範の受けとめに関する評価

　本書の第Ⅰ部における論考の考察からは，国際規範の追求するものに照らした日本の受けとめ方の適合性について，全体として以下のような集約的知見を整理することができよう。これは，前述した適合性評価の3つのレベル——①生態系に配慮した持続可能な漁業という理念の実現への貢献，②条約の目的との適合性またはその実現への貢献，③条約規定やRFMOsの拘束的決定に基づく義務の遵守またはそれへの貢献——にそったものである。

　第1に，日本による国際規範の受けとめは，上記③にいう条約規定の明文上または条約に基づき課された個別義務の遵守確保のレベルでは，全体として問題は少ないものの[55]，課題を抱える面も見受けられる。たとえば，国内実施の基礎となる条約解釈における，時間の要因，すなわち時間の経過にともなう概念，規範内容，諸条件の変化への対応である。これが十分とはいえない傾向は，たとえば予防的アプローチや生態系アプローチに関して，それ自身またはその具体的内容が明示されていない条約の解釈に関して，とくに当てはまる。そして，このような状況は，日本国内の条約実施措置における課題に繋がって

---

[55]　一般に日本の条約実務においては「完全担保主義」とでもいうべき発想——条約に署名し批准をするまでに，条約上の義務について漏れがないよう国内担保法を整備する——が基本であり，条約と法律との間に齟齬があれば普通はその法律は改正されるという。松田・前掲論文注⑳312頁・313頁・318頁。条約の個別義務の遵守レベルで日本の国際規範の受けとめに余り問題が見当たらないのは，そのせいかもしれない。

[56]　なお，本書の論文では扱われていないが，南極海捕鯨事件判決でもICJは，国際捕鯨取締条約の規定の解釈に際して，一定の条件の下で条約締結後の科学における一般認識・状況の変化に配慮し，条約機関（IWCおよび科学委員会）がコンセンサスで採択した非拘束的な二次的文書の内容を，一般国際法上の国家の協力義務を根拠に考慮した，と捉えることも可能だろう。児矢野・前掲論文注⑰48-50頁；児矢野マリ「日本の捕鯨活動のなにが問題だったのか？——「南極海捕鯨事件」国際司法裁判所判決からの教訓」森川幸一＝森肇志＝岩月直樹＝藤澤巌＝北村朋史編『国際法で世界がわかる——ニュースを読み解く32講』（岩波書店，2016年）230-234頁。条約解釈における後の合意・実行の考慮は国際法一般に関わるが，海洋生物資源の利用と保存の分野のように，継続的に進歩する科学技術の要因に左右されがちなところでは，時間の要因について十分な留意が必要になるだろう。

いる[56]。以上の点は，主に堀口論文で指摘されている。

　第2に，上記②にいう条約目的との適合性またはその実現への貢献という面では，日本による国際規範の受けとめには，以下のように疑問を呈するあり方も散見される。条約の実施では，ある対応が締約国に許容される裁量の範囲内のものとして個別義務の不履行にならなくても，その対応が必ずしも条約目的や規定の趣旨にかなうとは限らないような場合がある。そして，条約規定にそって一定の措置が国内法制度に導入されているところでも，その具体的な執行のための資源の不足や実務的なメカニズムの未整備により，条約目的に適合した現実の運用が技術的に危ぶまれる局面もある[57]。また，条約の批准や加入の際に担保法を新規立法せず既存法令の運用や部分的改正で条約の実施を担保する場合に，当該条約の趣旨と既存の担保法の立法趣旨とが必ずしも適合しないために，個別義務の不履行にはならずとも条約目的に照らした対応が現実には容易でないだろう，または，将来なにがしかの問題が生じる可能性があるだろうと，考えられる場面もある[58]。さらに，条約目的の実現に資する国際協力として締約国に認められた権限の行使に関して，消極性がみられる ── 必要な法令の改正をしない ── 局面もある[59]。以上の点は，条約その他の国際文書における規律事項のフレーミングが従来の国内法令におけるものとは異なっていても，ただちに個別義務の不履行とならない，または問題とされるその他の国際文書の要請に部分的に答えられるのならば，国内法令をできるだけ改正しないままに対応しようとするあり方（ある種の「ミニマリズム」）と，連動するものだろう。鶴田論文の指摘は，これらの点に関連する。

　第3に，上記①のレベルの評価として，生態系に配慮した持続可能な漁業という理念に照らして，以上指摘した点とは別に日本の受けとめ方について指摘される課題もある。これは，とりわけ生態系アプローチの場合のように，昨今，条約などの国際文書で頻繁に基本原則として明記されているものの，全体として多相的で文脈依存性が高く，その適用では一般に国家の裁量が広いものに関して当てはまる。たとえば，生態系への配慮は，漁業資源管理に関連する

---

[57] 鶴田論文。
[58] 松本コメントおよび田中コメント。
[59] 国連公海漁業協定では，国際協力の一環として締約国は公海上のIUU漁船を直接起訴・処罰できる旨の規定があるが，日本の国内法上はそのような権限の行使は想定されていない。この点は，米国やカナダなどとは異なる。

基本法およびそれを受けた行政計画や施策では理念の1つとして取り入れられている一方で，具体的な管理措置においては，国際規範としての生態系アプローチの中心的要素にかかる課題への対処が組み込まれておらず，明示的な政策的位置づけが与えられていない[60]。そして，これも，先に述べた国内法制度のフレーミングの問題に関わる。つまり，従来の国内法令のフレーミングを維持しつつその実施を追求するなかで，理念の中核にある要素の実現が危うくなる場合も見受けられることである。これは，主に大久保論文で示されている。

以上のように，日本による受けとめは，一般に，条約上または条約に基づき締約国が負う個別義務の履行確保，それも条約上の義務については条約締結時の法解釈を重視する「静態的な」法的形式主義の傾向が強い。そして，これと密接に関連して，条約の定める個別義務の履行が既存法の解釈や複数の法令の「パッチワーク的な」適用により確保されるのならば，条約が締約国の裁量に委ねた部分については条約の本来の趣旨および目的にかなうものではなくとも，国内法制度における規律事項のフレーミングの変更なども含め，新規立法や法改正はできる限り最小限にとどめる，といったある種のミニマリストのアプローチもみられる。

このようなあり方[61]は，関連条約の進化性を考慮すれば，典型的には時間の経過にともなう条約解釈の変化にかかる場合に見られるように，いずれ条約の遵守自体を危うくしかねない事態に繋がるおそれがあるだろう。さらに，条約目的や生態系に配慮した持続可能な漁業という理念の実現の観点からは，消極的なあり方ともいえよう。確かに，一般的にはそのような対応がただちに明白な義務違反となるとは限らないという意味では，前者のような時間の経過による条約解釈の変化にかかる課題を除けば，ひとまず法的には問題にはならない。また，新たな法整備や政策変更などにともなう国内的なコストの節約に資するという点では，積極的に評価される面もある。そして，国内法・政策にとっては，国際規範は国際社会の公的利益という「イデオロギー」を掲げて，「上か

---

(60) 大久保論文。
(61) これは，環境条約の場合にも当てはまる。児矢野・前掲論文注(26)70頁。久保はるか「環境条約の国内実施──行政学の観点から」『論究ジュリスト』7号・前掲注(23)，96頁；遠井朗子「生物多様性保全・自然保護条約の国内実施」・前掲注(23)54頁。また，同様のことを難民条約の国内実施について指摘するものとして，浅田正彦「人権分野における国内法制の国際化──法的形式主義とミニマリズムの克服に向けて」『ジュリスト』1232号（2002年）80-81頁。

らの統合」を強制する「秩序破壊者」として警戒されうる[62]べき存在でもあるため，その受けとめ方には慎重な検討を要する場合もある。けれども，グローバル化した現代社会における中長期的な国家の政策論の観点からは，以上のあり方にはさまざまな課題が残るのではないだろうか。

　すなわち，以上の状況は，漁業および魚食大国であり，かつ海洋立国をめざす日本が，中長期的に，この分野における国際規範のダイナミックな展開を受けとめきれるのか，また，短期的な視点からの「その場しのぎ」的な対応は，将来日本の漁業を苦境に追い込むことにならないか，という懸念を生じる。さらに，将来の国際的な漁業法秩序の発展に，日本が積極的にコミットメントしていくことを可能にするものなのか，疑念も抱かせる。日本は漁業・魚食大国および海洋立国をめざす国として，関連する国際規範の形成と実施を国際社会で適切にリードすることに相応の責務も負うだろう。したがって，日本が国際社会に貢献しつつ中長期的な観点からも自国の利益を追求するために，国際規範をいかに受けとめていくべきか ── このような観点から国内法・政策を考えることが必要となる。

2　日本による国際規範の受けとめを支える諸要因とその探求 ── 将来の検討課題

　以上のような問題提起に対して，本書の第Ⅱ部における各コメントは，そのような日本による国際規範の受けとめのあり方をもたらす国内の諸要因は何か，そこには国内法・政策も含めなにか構造的な問題があるのかどうか，また，あるとすればどのように対処すべきなのか，といった点について，さまざまな角度から有益な示唆を行っている。たとえば，留意すべき視点およびそれに関連する諸要因として，以下のものが指摘されている。

　まず前提として，国際規範の受けとめでは，日本漁業の特徴（魚種と漁法の多様性，同一魚種の多様な漁法の並存や地域的ごとの多様性など）に基づいて複雑な考慮を要する[63]ことである。また，日本では漁業の実施水域が多様（地先，沿岸，沖合および遠洋を含む）であり，その法的根拠も規制のあり方も一律ではないが，国際規範の射程はいずれの漁業にもおよぶため，その国内の受けとめ

---

[62]　藤谷武史「グローバル化と公法・私法の再編」浅野有紀ほか編著『グローバル化と公法・私法関係の再編』（弘文堂，2015年）359-360頁。

[63]　牧コメント。

についてはこの点に留意する必要があること[64]，である。

　さらに，国際規範の受けとめにおける日本の国内法体系のあり方，条約実施の担保法とされる漁業関連法の目的との齟齬，従来の漁業関連法には明記のない配慮，保護法益の整合性をめぐる問題などについて，法解釈論における対応の可能性と限界，法改正や法整備の意義を検討すべきこと，である。具体的には，日本の漁業法体系における独特の仕組み（みなし物権としての漁業権，法的性格につき議論の分かれる漁業協同組合，漁業調整委員会による漁場管理にかかる紛争処理など）および従来の規制のあり方（漁業のインプットコントロール，科学的知見の取込みの義務付けなしなど）を踏まえ，UNCLOS批准以降の国内法体系の変動（漁業関連法制および環境法制）の含意と実際の運用を評価し，国際規範の内容に適合的な法解釈や法改正を論じることの意義[65]である。そして，違法漁業規制の実効性確保をめぐる議論では，行政刑罰をめぐる関連法の保護法益や刑事実務のあり方なども踏まえ，法改正や法整備を検討すべきこと[66]である。

　さらに，漁業資源の管理における複数の規制主体の並存と相互関係[67]を前提に，従来のあり方（漁業者による自主的な資源管理を基本とする分権的かつ非統制的な構造）と，それに対するUNCLOSなど国際規範の求める行政統制に基づく資源管理のあり方および内閣主導による規制改革と直近の漁業法改正のインパクト，さらには逆に近年みられるボトムアップの動きの位置づけと評価の文脈で，水産行政をとらえることの必要性[68]である。そして，これまでの日本の漁業外交における内政事情の過度の考慮と対応の遅れが，中長期的に日本漁業を窮地に追い込んできたとする評価や，今後その反復を回避するためには，国際規範の受けとめの障壁となっている国内の諸要因に対処するべく，法学と政治学，さらには水産学も併せて学際的研究を推進していくことが重要という指摘もある[69]。

　そして，いずれのコメントも，水産政策の改革および70年ぶりとされる直近の漁業関連法の改正[70]の意義について，その運用のあり方も含め，第Ⅰ部の

---

[64] 松本コメントおよび久保コメント。
[65] 松本コメント。
[66] 田中コメント。
[67] 阪口コメント。
[68] 久保コメント。
[69] 阪口コメント。

論考の知見および第Ⅱ部の各コメントで提起された視点および論点も踏まえて，今後掘下げて検討すべきことを指摘する。

3　国際規範をいかにして「合理的に」受けとめるか──叩き台としての本書の知見

以上のように，異なる学問領域の協働により，また行政実務からのコメントも得て，本書は，海洋生物資源の利用と保存に関する法を含む新たな国際規範の形成を，また条約の解釈プロセスを通じた既存法における微妙で進化的かつ政策に導かれた変化を，伝統的な国内の法・政策体系および統治構造（法・政策分野の区切りのあり方も含む）において，いかにして，達成すべき目的（生態系に配慮した持続可能な漁業の実現）に照らして合理的に──国際社会および日本の国内社会の双方にとって──受けとめるか，について探求するものである。本書で示された知見は，今後各方面で期待される日本による国際規範の受けとめをめぐる議論において，1つの叩き台となっていくことだろう。

その際，より広い視点からは以下に掲げる2つの点も重要になる。第1には，日本における以上のような国際規範の受けとめが，他国との比較の文脈においてどのように位置づけられるのか，という問題である。すなわち，このようなあり方は日本特有のものなのか，それとも他国にも同じような状況は見られるのか，という点である。このようにして，日本の状況を，他国との比較において相対化しグローバル化の文脈において再評価することによって，日本の抱える課題の明確化とそれへの対処策の検討にとって，より一層有用な知見を得られることだろう。また，これは同時に，各国の国内法・政策との関係において，国際規範の発展のあり方全体にかかる構造的な課題を明らかにすることにも繋がるだろう。他国も日本と類似の状況を抱えているとすれば，それは国際規範のあり方の側になにがしかの課題があり，そちらが検討されるべき場合もありうるからである。

第2には，他の分野との比較という視点である。すなわち，以上述べたあり方は，日本では漁業にかかる分野に特有なのか，それとも他の分野にも共通

---

(70)　水産庁「水産政策の改革について」⟨http://www.jfa.maff.go.jp/j/kikaku/kaikaku/suisankaikaku.html⟩（2019年5月6日閲覧）。新聞報道として，「［社説］水産業の競争力増す改革を」『日本経済新聞』2018年11月14日朝刊，「［社説］水産改革漁業者の理解が前提だ──水産改革」『北海道新聞』2018年12月1日朝刊，等。

する面があるのか，どこが，どのように共通し，または異なるのか，さらにその要因は何か，という問題である。なぜなら，漁業分野に特有のあり方と，他の分野にも共通するそれとを整理し分析することにより，個別分野を超えた日本による国際規範の受けとめ全体にかかる構造的な課題をも明らかにし，巨視的かつ多角的な視点から，日本の抱える課題への有効な対処策を導くことにも繋がるからである。ここでは，他の分野についての関連する先行研究[71]も参考になるだろう。

　本書の内容は，前述したように社会科学における学際的な共同研究プロジェクトの中間成果をとりまとめたものである。したがって，日本による国際規範の受けとめにかかる包括的な分析とその結果の全体的な統合は，前述した諸点にかかる検討も含め，本研究プロジェクトの最終成果を待つこととなる。

---

[71] すでに環境分野では相当数の実証研究がある。たとえば，前掲注(23)，西井正弘編『地球環境条約――生成・展開と国内実施』（有斐閣，2005 年），児矢野・前掲論文注(26)，児矢野・前掲論文注(26)・68 頁注(21)。また，空間・天然資源・エネルギー利用に関する国際法について，環境保全の観点から日本による実施を論じるものとして，児矢野マリ「海底鉱物資源の探査・開発（Deep seabed mining）と環境影響評価――国際規範の発展動向と日本の現状・課題」『環境法政策学会誌』21 号（2018 年）165-187 頁，児矢野マリ「原子力災害と国際環境法――損害防止に関する手続的規律を中心に」『世界法年報』32 号（2013 年）62-126 頁など。以上も含めてこれまでの議論の到達点については，島村健「環境条約の国内実施――国内法の観点から」（前述環境法政策学会シンポジウム報告）が詳しい。また，海洋の分野についても研究実績は多く，前掲注(22)に掲げるもの以外にも多くの先行研究がある。まとまったものでは，坂元茂樹『日本の海洋政策と海洋法』（信山社，2018 年）など。その他の空間・天然資源・エネルギーの利用一般に関するものとして，たとえば，日本エネルギー法研究所『原子力安全に係る国際取決めと国内実施――平成 22～24 年度エネルギー関係国際取決めの国内実施方式検討班報告書』（2014 年 8 月）。人権分野では，前掲注(23)に掲げるものに加えて，申惠丰『国際人権法――国際基準のダイナミズムと国内法との協調（第 2 版）』（信山社，2016 年）460-499 頁などがある。なお，人権条約の国内実施に関しては，国内裁判所による人権条約の適用が議論の中心を占めており，この点については，前述したものも含めて膨大な先行研究がある点に留意。

第 I 部
論 考

第1章

予防的アプローチに照らした国際法上の海洋生物資源保存義務の発展と日本の国内実施
—— 排他的経済水域における資源管理に焦点をあてて ——

堀口健夫

I 序論

　国連海洋法条約（以下 UNCLOS）上，日本は自国の排他的経済水域（以下 EEZ）における海洋生物資源の開発・管理等に関する主権的権利を有する一方（58条1項a），それらの資源を保存する一般的義務を課せられている（61条）[1]。すなわち，EEZ 内の生物資源の維持が過度の開発によって脅かされないよう保存管理措置をとらねばならず（同2項），そうした措置として少なくとも漁獲可能量を設定し（同1項），また基本的に最大持続生産量（以下 MSY）を実現することが求められている（同3項）。これまで日本では，これらの義務を主に「海洋生物資源の保存及び管理に関する法律（以下 TAC 法）」の下で実施してきたが，我が国の EEZ 内の資源状態はあまり良好とは言えない状況にある。例えば水産庁が公表した平成29年（2017年）度の資源評価によれば，日本周辺水域の主要な資源で，評価が終了した78系群[2]のうち，約半数にあたる37系群が「低位」と評価されている[3]。こうした状況も背景に，同法の下での基本的な漁業管理の在り方についても近年見直しが進められ，同法は2018

---

[1] 本稿では，日本の公定訳に従い，conserve の訳として「保存」の語を用いる。ここでいう「保存」には，手付かずのまま自然や生物を保護する（すなわち，資源の利用価値を否定する）といった意味合いはない。

[2] 同じ魚種の中でも，産卵期・分布域・回遊等の面で独自の生活史を共有する集団が区別されることがあり，水産資源学等ではそのような集団は「系群（stock）」と呼ばれ，多くの場合資源管理の基本単位となっている。日本の資源管理においても，例えばまいわしは太平洋系群と対馬暖流系群に区別されて管理されている。

[第 I 部 論考]

年末に成立した改正漁業法に吸収されるとともに，新たな資源管理の制度化が進められつつある（後述）。

　そのような制度の見直しにあたっては，TAC 法がその目的として掲げてきたように，新たな漁業法が UNCLOS 上の義務をはたして的確に実施するものかという点も，改めて問い直される必要があるように思われる。たしかに，61条の規定内容は必ずしも確定的ではなく，その実施においては沿岸国の裁量が広く認められているとする理解が，内外の学説においても従来支配的であったといってよい。我が国の TAC 法の制定にあたっても，かかる基本理解が前提とされており[4]，漁獲可能量が設定される魚種・系群の選定や，漁獲可能量の水準やその決定手続等，制度の基本的な設計や運用が 61 条との関係において問題とされることは，管見の限りほとんどなかったように見受けられる[5]。しかし，UNCLOS の採択後，海洋生物資源の持続可能な利用を実現するため，新たな国際規範の発展がみられる点に注目する必要がある。科学的に不確実な環境リスクへの対処に関わる「予防的アプローチ（precautionary approach）」（以下 PA）の要求は，そうした規範の好例だといえよう[6]。PA を定式化した国際文書としてよく引用される，環境と開発に関するリオ宣言（1992 年）第 15 原則によれば，「深刻な又は回復し難い損害のおそれが存在する場合には，完全

---

(3) 水産庁プレスリリース「平成 29 年度我が国周辺水域の水産資源評価の公表について」（平成 29 年 11 月 17 日）を参照 http://www.jfa.maff.go.jp/j/press/sigen/171117_11.html（2018 年 8 月 14 日アクセス確認）。日本の資源評価では，過去の資源量や漁獲量等の推移から，高位・中位・低位の 3 段階で資源の現状が評価される（併せて増加・横ばい・減少といった資源動向も示される）。低位にある系群は，基本的に資源回復措置を必要とする状態にある。

(4) この点については，例えば第 136 回衆議院外務委員会（平成 8 年（1996 年）5 月 14 日）議事録の谷内政府委員答弁を参照（「……具体的にどのような態様で規制を行うかにつきましては，生物資源の維持を図るという目的が達成される限り沿岸国の裁量が認められるというふうに考えております。」）。

(5) 無論，水産資源学者等によって TAC 法の問題点や課題は様々に指摘されてきた。例えば，勝川俊雄「資源管理研究からみた TAC 制度の問題点」海洋 33 巻 1 号（2001 年）35-40 頁。だが，61 条等の国際法規則と明示的に関連づけた検討は，これまでほとんどみられなかったといってよい。例外的に若干の検討を含むといえるものとして，例えば橋本博之「平成 13 年度漁業関係法令改正と我が国の漁業管理制度」『海上保安国際紛争事例の研究・第 3 号』（2002 年）78-100 頁。

(6) 我が国の条約の公定訳等では，precautionary approach は「予防的な取組方法」と訳されるが，少なくとも国際法学の学説では「予防的アプローチ」の語の方が多く用いられている。本稿も後者の語を用いる。

な科学的確実性の欠如を,環境悪化を防止する上で費用対効果の大きい措置を延期する理由として用いてはならない」とされる。同アプローチは元々有害物質による汚染防止等の文脈で提唱されたが,国際漁業分野においても,国連公海漁業実施協定(以下 UNFSA)(1995年)[7]等の国際条約や,FAO 責任ある漁業行動規範(1995年)[8]等のソフトロー文書において近年明文化され,その実施が広く求められるようになっている。それらの国際文書で定められているように,PA は今日の海洋生物資源管理の一般原則として,国際平面並びに国内平面における保存管理に指針を与えることを意図して提唱されるに至ったわけだが,EEZ における前述の保存義務もこのような新たな国際規範の発展と整合的に実施されるべきだといえないだろうか。そして,もし国際法上の保存義務がそのように発展しているのだとすれば,それを実施するための国内法令もまた,それに整合的に発展していくことが求められるはずである。

そこで本稿では,こうした PA の発展が,EEZ における国際法上の生物資源保存義務の実施にいかなる含意を有するかを慎重に検討したうえで,そのような国際法規範の発展との整合性という観点から,我が国の従前の TAC 法の下での従来の漁業規制の評価を試み,2018年改正漁業法の下での新たな資源管理の課題に考察を加える。こうした検討を通じて,国際漁業分野における我が国の条約の国内実施の現状と課題の一端の解明を試みることとしたい。なお本稿では,漁獲対象種の保存管理に焦点を当てるものとし,その関連種や依存種等の管理に関わる検討は別の機会としたい(「生態系アプローチ(ecosystem approach)」については本書の大久保論文で扱われる)。

II　EEZ における国際法上の生物資源保存義務と予防的アプローチ

1　EEZ における沿岸国の生物資源保存義務

(1) UNCLOS61 条
前述のように,UNCLOS61 条は EEZ における海洋生物資源の保存の義務

---

[7] Agreement for the Implementation of the Provisions of the United Nations Convention on the Law of the Sea of 10 December 1982 relating to the Conservation and Management of Straddling Fish Stocks and Highly Migratory Fish Stocks, 1995.

[8] FAO Code of Conduct for Responsible Fisheries, 1995.

を定める。以降の検討の前提として，まずその規定内容を確認しておきたい。

第61条　生物資源の保存
1　沿岸国は，自国の排他的経済水域における生物資源の漁獲可能量を決定する。
2　沿岸国は，自国が入手することのできる最良の科学的証拠を考慮して，排他的経済水域における生物資源の維持が過度の開発によって脅かされないことを適当な保存措置及び管理措置を通じて確保する。このため，適当な場合には，沿岸国及び権限のある国際機関（小地域的なもの，地域的なもの又は世界的なもののいずれであるかを問わない。）は，協力する。
3　2に規定する措置は，また，環境上及び経済上の関連要因（沿岸漁業社会の経済上のニーズ及び開発途上国の特別の要請を含む。）を勘案し，かつ，漁獲の態様，資源間の相互依存関係及び一般的に勧告された国際的な最低限度の基準（小地域的なもの，地域的なもの又は世界的なもののいずれであるかを問わない。）を考慮して，最大持続生産量を実現することのできる水準に漁獲される種の資源量を維持し又は回復することのできるようなものとする。
4　沿岸国は，2に規定する措置をとるに当たり，漁獲される種に関連し又は依存する種の資源量をその再生産が著しく脅威にさらされることとなるような水準よりも高く維持し又は回復するために，当該関連し又は依存する種に及ぼす影響を考慮する。
5　入手することのできる科学的情報，漁獲量及び漁獲努力量に関する統計その他魚類の保存に関連するデータについては，適当な場合には権限のある国際機関（小地域的なもの，地域的なもの又は世界的なもののいずれであるかを問わない。）を通じ及びすべての関係国（その国民が排他的経済水域における漁獲を認められている国を含む。）の参加を得て，定期的に提供し及び交換する。

英文の条約文において各項で shall という命令的文言が用いられていること等からも伺えるように，同条は保存に関する一連の法的義務を定めた規定であるという理解が今日では支配的である[9]。もっとも，領海の場合と異なり EEZ についてなぜ保存を図ることが国際法上要請されるのかという点は，必ずしも自明ではない。この点につき，新たに EEZ の設定が認められる海域は，元来

---

[9] 学説の中には，61条の基本的な趣旨は沿岸国のみが保存管理措置を決定できることを明確にする点にあったとする理解もみられ，例えば1項が定める漁獲可能量の決定について，義務としての性質を否定する見解もみられた。例えば，W. T. Burke, *The New International Law of Fisheries: UNCLOS 1982 and Beyond* (1994), p. 46. 山本草二『海洋法』(1982年) 385-6頁。ただし，そうした見解においても，「生物資源の維持が過度の開発によって脅かされないことを適当な保存措置及び管理措置を通じて確保する」(2項) ことが，沿岸国の義務であることまで否定されることは稀である。後述するように，2項が定める義務を本稿では61条の中核的義務と呼ぶこととする。

は公海として扱われてきた海域であるが，各国の国家領域の一部として扱われてきた領海とは対照的に，公海内の生物資源については，UNCLOS が締結される以前に既に国際法上の保存義務が発展していた点を確認しておく必要がある[10]。

かかる保存義務の法典化を試みた従前の条約として，1958 年に締結された公海生物資源保存条約（以下「1958 年条約」）[11]がある。同条約はその 1 条において，公海での各国の漁獲の権利とともに，「すべての国は，公海における生物資源の保存のために必要とされる措置を自国民についてとる義務及びその措置をとるにあたって他の国と協力する義務を有する」ことを明文化した（同条 2 項）。続く 2 条によれば，「（公海の）生物資源の保存」の語は，「食料その他の海産物の最大限の供給を確保するようにこの生物資源の最適な持続的生産を可能にする措置の総体」と定義されている。もっともこの条約は，採用されるべき保存措置の内容自体について，それ以上に具体的な指示を含むものではなかった。本条約が採択された時期は，関係国間での権利・利益の配分に国際交渉の主たる焦点があり，保存に関するより具体的な規範の発展は乏しかったのである[12]。

この 1958 年条約は，当事国が 40 か国弱にとどまり，一般的な効力を有する条約だとは言い難い。しかし，このように当事国が限定的であるのは，同条約が（遠洋）漁業国と沿岸国との利害や見解の対立を十分解消できていなかったことに主に起因しており，上述した一般的内容の保存義務自体に対する異議を理由とするものではなかった[13]。その後国際司法裁判所（以下 ICJ）も，漁業管轄権事件判決（1974 年）において，「漁獲が強まった結果，公海における

---

[10] EEZ の生物資源保存義務の起源を，本論で後述する公海生物資源保存条約の関連規定に見出す見解として，例えば M. H. Nordquist, *United Nations Convention on the Law of the Sea, 1982: a commentary, vol. 2*（1985），p. 597. EEZ における保存義務は，公海における保存義務の当然のコロラリーだという。

[11] Geneva Convention on Fishing and Conservation of the Living Resources of the High Seas, 1958.

[12] A. Kanehara, "A Critical Analysis of Changes and Recent Developments in the Concept of Conservation of Fisheries Resources on the High Sea", Japanese Annual of International Law, vol. 41（1998）p. 29 を参照。

[13] 1958 年条約の大きな問題点として，沿岸国の特別利益に基づき公海にまで及ぶ一方的な保存措置の採用を認める一方で，この特別利益の明確化と制限を課題として残していた点が指摘されている。Kanehara, *supra*（n. 12）p. 18. を参照。

[第 I 部 論考]

海洋生物資源に関するかつての自由放任的な取り扱いが，他国の権利と全ての者のために保存する必要性に妥当な考慮を払う義務の承認にとって代わられたことは，まさしく海洋国際法における進歩の1つである」と指摘している[14]。少なくとも1958年条約の1条2項が定めるような一般的な内容の保存義務については，一般国際法上，UNCLOS の採択以前に既に確立していたといいうる[15]。

その後 UNCLOS では，こうした公海でのすべての国の保存義務について確認するとともに（117，119条），新たな水域制度である EEZ についても，前述のように別途保存に関する一般規定（61条）を置き，沿岸国に保存のための措置の採用を義務づけている。EEZ は「排他的な」水域と称しているが，当該水域内の魚類に関して専ら沿岸国の利益のみを保護することを意図した制度では必ずしもない。第1に，沿岸国が設定する漁獲可能量に余剰分が生じる場合には，外国の漁船にも漁獲を認めることとなっている(62条)。第2に，EEZ を越えて分布或いは回遊する魚種の存在が明確に想定されており，その保存管理のための協力義務等が規定されている（63条等）。第3に，同条約では海洋環境の保護も実現すべき国際法益として承認されているが，海洋生物資源もそうした海洋環境の構成要素として保護の対象になりうる[16]。以上のような点からすると，各国の EEZ の海域に取り込まれることになった海洋生物資源の状態は依然として国際的な関心事項であり，沿岸国が従前の保存義務を引き続き負うことが，EEZ 制度の国際的承認の重要な条件とされたのである[17]。兼原も指摘するように，EEZ で認められた沿岸国の主権的権利は，海洋生物資源の保存に関わる国際社会の一般利益の実現をも目的として行使されねばならな

---

[14] *Fisheries Jurisdiction*（United Kingdom v. Iceland），Judgment of 25 July 1974, para. 72.

[15] 同様の見解として，例えば W. T. Burke, *The New International Law of Fisheries: UN-CLOS 1982 and Beyond*（1994）p. 94; G. Hewison, "Balancing the Freedom of Fishing and Coastal State Jurisdiction", in E. Hey ed. *Development in International Fisheries Law*（1999）p. 172.

[16] たしかに海洋環境の保護を扱う UNCLOS 第12部では，海洋汚染の防止に関わる規定が多い。だが第12部においても，192条や193条，194条5項等，汚染行為に限定されない射程を有する規定が含まれている。また国際海洋法裁判所みなみまぐろ事件暫定措置命令（1999年）等においても，「海洋生物資源の保存は海洋環境の保護・保全に関する一要素である」ことが確認されている。*Southern Bluefin Tuna Cases*（Australia v. Japan; New Zealand v. Japan），Order of 27 August 1999, para. 70.

い[18]。

(2) 61条の規定内容の新規性・不確定性

こうして61条は，適切な保存管理措置をとることで生物資源の維持が過剰な開発の危険にさらされないように確保することを沿岸国に義務づけている（2項）。便宜上本稿ではこの義務を61条の中核的義務と呼ぶこととするが，同条は1958年条約では必ずしも明示されていなかった要素も明文化している。第1に，保存管理措置として「漁獲可能量（allowable catch）」の設定を求めている（1項）。これは，資源管理手法の類型でいえば，いわゆる「アウトプット・コントロール（産出量規制）」の要求である[19]。だが，本条の起草過程においては，資源管理において一律にそうした規制を要求することの適切性が検討・議論された形跡はなく[20]，設定対象となる魚種の範囲等が条約採択後も論点となっている[21]。その一方で，漁獲可能量の決定は，続く62条が定める外国漁船への余剰分の配分に関する沿岸国の決定プロセスの第1段階と位置づけられており，同条に基づく最適利用の実現において重要な役割を与えられている[22]。すぐ後で述べるMSY水準の要求からも伺えるように，61条の保存義務

---

[17] 沿岸国による200海里水域の主張を正当化すべく，こうした保存管理の考え方が持ち出されたと指摘するものとして，例えば水上千之「海洋生物資源の保存と管理」国際法学会編『日本と国際法の100年第3巻：海』（2001年）117頁。また山本によれば，保存義務は「経済水域制度を承認することの代償として沿岸国の主権的権利に課された1つの制限である」という。山本・前掲注(9)385-6頁。

[18] Kanehara, supra（n. 12）p. 19.

[19] 一般に漁業管理の手法については，量的な規制として，①漁船の隻数や馬力数の制限等により漁獲活動の投入量に制限を加える「インプット・コントロール（投入量規制：input control）」と，②漁獲量自体に直接制限を設定する「アウトプット・コントロール（産出量規制：output control）」とがあり，さらに質的な規制として，③特定の漁法の禁止や体長別の漁獲制限等の「テクニカル・コントロール（技術的規制：technical control）」が区別されることが多い。例えば，山川卓「TAC制度の理論と実践1」日本水産学会誌70巻1号，2004年，93-95頁を参照。だが，それぞれの類型の説明は文献により必ずしも一様ではない。

なお61条は，漁獲可能量の設定を義務づけているが，勿論インプット・コントロール等に該当するものも含め，他の保存管理手法の採用を排除しているわけではない。むしろ，単純に漁獲可能量を設定しただけでは，自由競争による先取り競争が発生し，漁獲競争の激化が生じるといった問題点が指摘されており，種々の手法と組み合わせた資源管理の重要性が指摘されている。例えば，後述する2018年改正漁業法でも導入が予定されている個別割当制度（IQ）も，そのような観点から我が国でも検討されてきている手法の1つだといえる。こうした点については，例えば黒沼吉弘「諸国のTAC管理：課題と可能性」漁業経済研究42巻2号（1997年）35-55頁を参照。

は資源の有効利用（≒資源の無駄の回避）の理念とも強く結びついていた[23]。

　第2に，こうした漁獲可能量の設定を含む保存管理措置は，「入手することができる最良の科学的証拠（best scientific evidence available）」を考慮して決定され，また生物学的概念であるMSYをもたらす水準に資源量を維持・回復するものでなければならない（2項，3項）[24]。たしかに，既に1958年条約の関連規定においても，保存管理措置は魚類等の最大供給を持続的に実現すべきであり，また客観的な科学的根拠に基づかなければならないといった基本的要請を見出すことができる[25]。だが，UNCLOS61条は，そうした基本的要請を単に確認・明確化するのみならず，それらの要請の一定の「緩和」を許容するとも解されうる文言を伴っており，それにより様々な論点を顕在化させることと

---

[20]　漁獲可能量という管理手法は，条約採択当時，必ずしも諸国で一般的に採用されていたわけではない。例えばNordquist, *supra*（n. 10）p. 610fを参照。我が国も，従来はインプット・コントロールやテクニカル・コントロールを中心に管理を行っていたのであり，そのような国にとっては，61条1項は新たな規制手法の導入の要求を意味した。

　だが，こうした漁獲可能量の決定による資源管理については，そのための科学的データや知見の充実が必要であることを主な理由に，その実施には困難が伴うといった指摘が早くからみられた。例えばS. Oda, "Fisheries under the United Nations Convention on the Law of the Sea", American Journal of International Law vol. 77（1983）p. 743; Burke, *supra*（n. 9）p. 45.

[21]　少なくとも，漁獲の対象となっていない，或いはそうした対象となる可能性が低い魚種や系群については，漁獲可能量を設定していなくても61条1項に反しないという理解はほぼ確立している。61条2項以下や62条と併せて読んでも，そのような解釈が妥当であろう。なお，国家実行上は，漁業の対象となっている魚種・系群であっても，その全てについて漁獲可能量が一般に設定されているとは言い難く，多くの国で重要種に限定される傾向が指摘されている。A. Proelss, et. al（eds.）*United Nations Convention on the Law of the Sea: A Commentary*（2017）, p. 486.

[22]　漁獲可能量の決定に続いて，沿岸国は自国の漁獲能力を決定しなければならず，結果漁獲可能量に余剰分が生じる場合には外国による漁獲を認めなければならない（62条2項）。なお対照的に，公海における保存義務に関わる119条においては，漁獲可能量の決定は必ずしも義務とはいえない規定ぶりとなっている。61条1項による漁獲可能量の決定の義務づけが，当該管理手法が海洋生物資源の保存に効果的であるという認識にどこまで基づいていたのかは疑問も残る。

[23]　ただし62条1項に「前条の規定の適用を妨げることなく」とあるように，62条の最適利用の要求は61条の保存義務を緩和するものではない。

[24]　同条約はMSYを定義しないが，学説では「資源の回復可能性に基づき，その資源から継続的に得ることができる年間の最大の漁獲量」といった定義が指摘されてきた。M. Markowski, *the International Law of EEZ Fisheries: Principles and Implementation*（2010）p. 26.

なった。

　まず，保存管理措置に関わる「最良の科学的証拠」については，自国が「入手することができる」ものを「考慮」するとの規定ぶりとなっている。この点に関連して，①科学的証拠を「考慮」すれば足りるのか[26]，②「入手することができる最良の科学的証拠」が不完全なものであっても保存措置の採用が求められるのか[27]，③沿岸国は科学的データ等を収集する積極的義務まで負っているのか[28]，といった論点が提起されてきた。

　また，MSY の達成についても，少なくとも「環境上及び経済上の関連要因」

---

[25]　前者については，前に引用した1958年条約2条の「保存」の定義を参照。また後者につき，同条約は，保存に関わる関連国間の紛争解決基準の一部として，保存措置の必要性が科学的に示されていること，並びに，個別の措置が科学調査研究に基づいていることを挙げていた（10条）。

[26]　①の論点が生じたのは，公海に関する UNCLOS の保存義務の規定（119条 a）が，科学的証拠に「基づく（designed on）」保存措置をとるとの規定になっているのに対して，61条2項はそうした証拠を「考慮する（taking into account）」との文言となっているためである。学説では，この文言の違いを重視し，61条2項の下では科学的証拠は考慮されるべき一要素にすぎず，客観的な科学的基準に管理を基礎づける義務はないとの見解がむしろ従来多数であった。Burke, *supra* (n. 9) p. 56. S. M. Kaye, *International Fisheries Management* (2001) p. 103 等。これに対して，科学的証拠の位置づけについて，公海上の保存義務と区別する理由はないとする反論もみられたが，少数にとどまっている。例えば，G. Ulfstein, "200 Mile Zones and Fisheries Management", 52 Nordisk Tidsskrift International Relations, vol. 3（1983）p. 14.

[27]　②の論点は，61条2項が，「入手することができる（available）」最良の科学的証拠の考慮を求める文言となっていることに関わる。不完全な情報やデータしか入手できない場合であっても保存措置の採用が求められるのか，必ずしも明確ではないためである。なお上記（注26）の①の論点について支配的理解に立つ論者は，科学的データが十分にないといった状況であっても，そもそも他の根拠に基づいて漁業管理をとることが沿岸国に認められていると主張する場合が多い。例えば，W. Burke, "The Law of the Sea Convention Provisions on Conditions of Access to Fisheries subject to National Jurisdiction", Oregon Law Review, vol. 63（1984）p. 84; Kaye, *supra*（n. 26）p. 103 等。もっともそれらの論者も，そうした状況において，沿岸国が保存措置を「とらなければならない」とまでは明確に指摘していない。

[28]　③の積極的な調査義務について，少なくとも61条2項は明文化していない。多数説は，同項により過度の開発を抑止する義務を負う以上，少なくともそのために必要なデータ等の取得は求められるとする。Burke, *supra*（n. 27）p84f; Kaye, *supra*（n. 26）p. 103f 等。これに対して，「入手することができる」との文言を強調し，この点を消極的に解する見解もみられる。D. R. Christies, "It Don't Come EEZ: The Failure and Future of Coastal State Fisheries Management", Journal of Transnational Law and Policy vol. 14（2004）p. 9.

[第 I 部 論考]

が「勘案される（qualified）」ことが明文化されている。そのため，例えば MSY をもたらす水準を超過する漁獲可能量の設定が許容されるのか，といった論点が生じることとなった[29]。また，UNCLOS の交渉が進められた時期までには，MSY に依拠した資源管理に対して海洋生物資源学者等から強い異論も提起されており，その意味で MSY 自体，論争的な概念であったことも否定できない。UNCLOS における MSY 概念の条文化についても，資源保存の指標としてのその有効性或いは適切性の十分な検討を経たものであったとは必ずしも言い難い[30]。

　第 3 に，保存管理措置の決定に際しては，漁獲される種に関連する種や依存する種への影響の考慮も求められることが明文化された（4 項）。この条項については，単一種の管理を当初想定してきた MSY 概念の不備への対処であるとか，いわゆる「生態系アプローチ（ecosystem approach）」の要請であるといった評価が可能かもしれないが，その実現に向けたより具体的な指示を欠いている。

　以上のように 61 条の諸規定は，1958 年条約の保存義務では必ずしも明示さ

---

[29]　MSY を超える水準に漁獲可能量を設定しうることを肯定する見解として，例えば Burke, *supra*（n. 27）p. 82; Christies, *supra*（n. 28）等。否定する見解として，例えば，Markowski, *supra*（n. 24）pp. 26–29.

[30]　漁業管理の指標としての MSY 概念は，既に 1960 年代頃には，強い批判にさらされていた。この点については，例えば Proelss, *supra*（n. 21）p. 834. を参照。例えば，MSY の適切な決定に必要な正確な科学的データを得ることはしばしば困難であることや，単一の資源の管理に射程が限定されていたこと，競合する社会的・経済的・政治的利益に考慮が及んでいないこと等が，問題点として挙げられた。

　また，MSY のような生物学的基準の重視については，自国の科学的能力を背景に強くそれを主張してきた米国が，国際的な資源管理を有利に進めるための戦略的色彩が強かったとの評価も見られる。C. Finley and N. Oreskes "Food for Thought Maximum Sustained Yield: A Policy Disguised as Science, ICES Journal of Marine Science vol. 70 no. 2（2013）p. 248. を参照。

　少なくとも UNCLOS 締結時における MSY 概念の採用が，資源保存の指標としての有効性或いは適切性の十分な検討を経たものであったとは考えにくい。ただしその後も MSY は，UNFSA 等の主要な国際文書において海洋生物資源管理の指標として支持され続けている。その背景には，欧米諸国における MSY 概念に対する基本理解の変容や，その設定に関わる手法の改善等があったと考えられる。後述する我が国の 2018 年改正漁業法も，そうした欧米の動向をふまえ，MSY を国内資源管理の目標として改めて位置づけている。こうした事情を簡潔に説明するものとして，例えば第 197 回衆議院農林水産委員会（平成 30 年 11 月 28 日）議事録における長谷政府参考人答弁を参照。

れていなかったいくつかの新たな要素を含むが、それらが資源保存のために有効であるとの認識にどこまで基づいていたかは疑問が残る部分があり[31]、また、確定的な内容の規則を必ずしも定めるものではなかった。その実施は沿岸国の裁量に委ねられているところが大きく、そのことを理由に義務としての実質を欠くといった評価すらみられたのである[32]。海洋生物資源の保存のためのさらなる規範の発展は、UNCLOS締結後の課題として残されていたというべきであろう。1990年代に入って国際的に提唱されるようになったPAは、まさしくそうした規範の1つであるといえる[33]。次の2では、国際漁業分野におけるPAの発展とその意味を確認したうえで、UNCLOS61条の解釈におけるその含意に検討を加える。

2　EEZにおける生物資源保存義務の解釈に対するPAの含意

(1) 国際漁業分野におけるPAの提唱

PAの採用をはじめて明文化した国際漁業分野の条約として、UNFSAを挙げることができる（5条、6条、附属書Ⅱ参照）。ただし、同協定は「ストラドリング魚類資源」並びに「高度回遊性魚類資源」の保存管理にその射程が限定される[34]。より広く漁業資源管理に指針を与えることを意図した同時期の非拘束

---

[31] 資源管理の観点から61条や62条の規定内容の不十分さを指摘するものとして、例えばChristie, supra (n. 28).

[32] 例えば林久茂「排他的経済水域に関する若干の問題」海上保安協会『我が国の新海洋秩序第3号』（1990年）39頁。手続上も、少なくとも61条や62条に基づく沿岸国の決定は、UNCLOS第15部第2節が定める「拘束力を有する決定を伴う義務的手続」から除外されている（297条3項a）。ただし、過剰な開発を抑止する義務に明らかに反している場合や、漁獲可能量（及び自国の漁獲能力）の決定を恣意的に拒否した場合は、調停に付託されうる（同項b(ⅰ)(ⅱ)）。この調停条項の内容からすると、少なくとも漁獲可能量（及び自国の漁獲能力）については、合理的な理由があれば設定しないことも許容されていると解しうる。

[33] 1958年条約の形成過程で米国が条文化を図ったいわゆる「自己抑制原則（abstention principle）」は、持続的利用が可能であることを科学的に示すことを自己抑制から解放される条件としており、その限りでPAを先駆的に反映した原則として言及されることがある。例えばD. Freestone "Implementing Precaution Cautiously: The Precautionary Approach in the Straddling and Highly Migratory Fish Stock Agreement" in E. Hey (ed) Developments in International Fisheries Law (1999) p. 306. だが、自己抑制原則は沿岸国による恣意的な資源配分の主張と強く結びついていた点で、90年代以降提唱されてきたPAとは異質である。自己抑制原則の主張の目的は、その後のEEZ制度の成立をもって、かなりの程度達成されたとみることもできる。

[第 I 部 論考]

文書としては，FAO 責任ある漁業行動規範（1995 年）がある。後でも述べるように，同行動規範の PA に関する規定は，UNSFA の関連規定の基本的内容と重なるところが少なくない。

　国際漁業分野で PA の採用が論じられ始めた当初は，公海の流し網漁業の規制等を念頭に，禁漁やモラトリアムといった厳格な措置の導入が連想され，ラディカルな漁獲規制につながることへの強い危惧がみられた。そのため，上記の国際文書，特に UNFSA では，PA の実施に関わる規則や指針が比較的詳細に規定され，そうした危惧の払拭が図られた。こうした国際漁業分野の PA の特徴は，利益衡量を許容する「柔軟性」の導入にあるとしばしば評されてきたが[35]，以下で検討するように，その主たる意義は保存管理措置に関する意思決定の改善を要求する点にある[36]。

　例えば UNFSA は，PA の適用に関する 6 条において，「いずれの国も，情報が不確実，不正確又は不十分である場合には，一層の注意を払うものとする。十分な科学的情報がないことをもって，保存管理措置をとることを延期する理由とし，又はとらないことの理由としてはならない」との中核的な指針をまず明らかにしたうえで（2 項），その実施にあたってリスクや不確実性に適切に対処するための意思決定の改善を求め（3 項 a），より具体的な手法として，系群毎に設定される「基準値（reference points）」を活用した管理を求めている（3

---

(34) 同協定では「ストラドリング魚類資源」も「高度回遊性魚類資源」も定義されていないが，前者については，少なくとも UNCLOS63 条 2 項が適用される資源（EEZ 内及び当該 EEZ に接続する水域内の双方に存在する資源）が該当することに異論はみられない。また後者については，UNCLOS64 条の適用のある資源で，具体的には同附属書 I に列挙された魚種が該当する。なお，ここでいう「資源」は英文では stocks であり，本稿の注 2 で説明した「系群」に当たると考えられるが，公定訳に従い本稿では「資源」と訳している。

(35) 例えば Vicuna は，「漁業管理においては科学的不確実性を伴うことが原則であるため，予防原則の直接的な適用は，海洋漁業に関するあらゆる活動の遂行を不可能にしたであろう。これらの理由に基づき，漁業管理の特別なニーズのためのより柔軟なツールを提供するため，「予防的アプローチ」の概念が出現した」と説明する。F. O. Vicuna, *The Changing Law of High Seas Fisheries*（1999）p. 157. 同様にこうした経緯を指摘するものとして，例えば S. Marr, *The Precautionary Principle in the Law of the Sea: Modern Decision Making in International Law*（2002）pp. 17-21.

(36) 例えば Birnie らは，後述する UNFSA6 条が定める PA が完全に実施されたとしても，その適用の主たる影響は「漁業資源の保存と管理に関する意思決定の改善」に限られるだろうと指摘する。P. Birnie, A. Boyle and C. Redgwell, *International Law and the Environment* 3rd（2009）p. 203.

項 b)⁽³⁷⁾。ここでいう基準値とは、「合意された科学的方法により得られる推定値であって、資源の状態及び漁業の状況に対応し、かつ、漁業の管理のための指針として利用することができるもの」と定義される（附属書Ⅱパラ1）⁽³⁸⁾。より具体的には、当該資源の「漁獲死亡率（fishing mortality rate）」⁽³⁹⁾の観点から設定されるものと、その「資源量（biomass）」の観点から設定されるものがありうる。

　UNFSAの附属書Ⅱによれば、ここでは限界基準値（limit reference points）と目標基準値（target reference points）と呼ばれる2つの類型の基準値の利用が予定される（同パラ2）。前者は、「MSYを産出しうる安全な生物学的限界に漁獲を制限するための境界」を設定し、これを超過するリスクを非常に低く抑えなければならない（同パラ2、5）。つまり、原則として越えてはならない。これに対して後者は、管理の目標を実現するもので、平均して超過しないよう確保しなければならない（同パラ2、5）。つまり、資源管理において基本的に目指すべき基準を意味する。いずれの基準値も、入手することのできる最良の科学的情報に基づいて設定し（6条3項b）、設定のための情報が不十分或いは存在しない場合には、類似の資源の管理を参考にする等して、暫定的な基準値を設定するものとされる（附属書Ⅱパラ6）。

　こうした基準値を利用した資源管理がPAの実施として位置づけられているのは、さらに以下の3点を主たる理由とする⁽⁴⁰⁾。第1に、資源に対する不確

---

[37] なお、資源管理の基礎となる科学的情報の欠如・不足等が容易に想定される漁業として、これまで開発されていなかった魚種を対象とする等の「新規漁業」あるいは「探査漁業」を挙げることができるが、UNFSA6条は、それらの漁業についてはできるだけ速やかに注意深い措置をとったうえで、情報の蓄積に応じて活動を漸進的に発展させることを特に求めている（6項）。この規則に焦点を当てた検討は本稿の射程外とするが、重要な先行研究として R. Caddell, "Precautionary management and the development of future fishing opportunities: The international regulation of new and exploratory fisheries", the International Journal of Marine and Coastal Law, vol. 33（2018）pp. 1-62. UNFSA6条6項の規則の制定に影響を与えたのは、南極生物資源保存委員会（CCAMLR）の下での実践であったと指摘されている。

[38] UNFSAの附属書Ⅱは基準値の適用に関する「指針」を定めるが、UNFA6条3項bはそれらの指針の適用を当事国に義務づけている。本稿では、附属書Ⅱの指針も含めてPAの「実施規則」と呼ぶこととする。

[39] fishing mortality rate について、日本の公定訳は「漁獲量」と訳しているが、より厳密には「漁獲死亡率」（或いは「漁獲係数」）と訳すべきであろう。漁獲死亡率は当該資源に対する漁獲の強度を表す。

実なリスクに備えて，一種のセーフティーマージンの導入が求められる。従来の国際資源管理においては，MSY をもたらす水準の漁獲死亡率が，上の類型でいえば目標基準値として扱われることが多かった。しかし，適切な基準値の確定や漁業状態の正確な把握は容易ではなく，そうした管理では資源状態が悪化するリスクが指摘されていた[40]。これに対して UNFSA では，「MSY を実現する漁獲死亡率は，限界基準値に関する最低限度の基準とみなされるべきである」と定める（附属書Ⅱパラ7）[42]。つまり，漁獲死亡率がそうした水準を原則として超過してはならないとされる。そしてそのことを確保するため，平均的に達成すべき目標基準値は，科学的不確実性の程度等を考慮して，より安全を加味した水準に設定されることが期待されている[43]。こうした2つの基準値の利用は，科学的に不確実な資源へのリスクが一定程度不可避であることを前提に，それをできるだけ安全に制御するための手法だと解することができる[44]。

第2に，上述の基準値を超過した場合或いはそれに接近している場合にとる行動或いは措置も，予め事前に決定しておくことが求められる（3条b，附属書Ⅱパラ4）。情報が不確実であるといった状況においても，迅速な管理措置の発動を確保することに狙いがある[45]。特に，「一の資源の資源量が限界を下回る場合又は下回る危険がある場合には，資源の回復を促進するために保存及び管理のための措置が開始されるべきである」とされる（附属書Ⅱパラ5）。こ

---

[40] この点については，既に以下の文献でも指摘したところである。堀口健夫「国際漁業管理における予防的アプローチ：マグロ類漁業条約における展開」大久保規子ほか編『環境規制の現代的展開』（2019年）96-110頁。

[41] この点については，例えば甲斐幹彦「管理基準値と中西部太平洋域のまぐろ資源の管理」ななつの海から第5号（2013年）9頁を参照。

[42] この指針は，MSY をもたらしうる「資源量」の実現を資源管理が目指すこと自体を否定するものではない。むしろ UNFSA も，UNCLOS61条3項と類似の規則を5条の一般原則の中で規定している（5条b）。UNCLOS 締結後も資源管理の指標として MSY が国際的に支持され続けている背景については，本稿注[29]も参照。

[43] 6条2項と併せて読めば，リスクや不確実性の程度が大きいほど慎重な基準値設定が求められるというべきであろう。類似の見解として，T. Henriksen et. al. *Law and Politics in Ocean Governance* (2006) p. 27.

[44] この点については，例えば勝川俊雄「日本の ABC の問題点——原則論・運用論・各論：マイワシ太平洋系群」月刊海洋38巻4号（2006年）277頁も参照。

[45] 例えば，S. M. Kaye, *supra*（n. 26）p. 235f 参照。なお，マグロ類の地域漁業管理機関等の下では，近年こうした規則は「漁獲管理規則（Harvest Control Rule：以下 HCR）」と呼ばれる傾向にある。

のように，設定される基準値は，事前に決定されている措置を自動的に発動する条件としての役割も果たすことになる（附属書Ⅱパラ4）。

国内・国際平面を問わず，従来広くみられる漁業管理の大まかなプロセスは，まず管理対象である魚種或いは系群の資源量を定期的に科学者が評価し，それをふまえてその都度政策決定者が保存管理措置を決定するという2つの段階から構成される。だが，例えばかつてのみなみまぐろの国際的管理がそうであったように，こうしたプロセスは科学的不確実性に直面して機能不全に陥る可能性がある[46]。基準値と事前に合意された規則とを組み合わせた資源管理は，そのような機能不全をできるだけ回避することも意図している。

なお，事前に決定しておくべき行動・措置の内容については，UNFSAには具体的な定めはなく，特に禁漁といった厳格な措置への言及はみられない。自然現象（エルニーニョ現象等）や漁獲活動によって資源が深刻な脅威にさらされている場合でも，「緊急の（一時的な）保存管理措置」をとることを求めるにとどまり，禁漁等の自動的な採用とその継続を含意するような規定は置かれていない（6条7項）[47]。

第3に，こうして不確実性の状況下で決定されうる基準値や措置は，新たな情報に照らした再検討に服する。一種の順応的管理の要請だといえる。前述のように，基準値の設定のための情報が不十分である場合，或いは存在しない場合には，暫定的な基準値を設定するものとされているが，当該漁業は新たな情報に照らした改訂のためのモニタリングに服する（附属書Ⅱパラ6）。また，対象種等の資源状態に懸念がある場合には，保存管理措置の効果等をレビューするためのモニタリングを行い，新たな情報に照らして定期的に措置を改定するものとされている（6条5項）。

このように，少なくとも上記の場合にモニタリングの義務も課せられているが，より一般的に，例えばUNFSA5条kは，「漁業における保存及び管理を支援するため，科学的調査を促進し，及び実施すること，並びに適当な技術を開発すること」を一般原則の1つとして定めている。この点に鑑みても，こ

---

[46] 日本の調査漁業の合法性を豪州・NZが争ったみなみまぐろ事件も，資源状態等について当事国の科学的評価が対立するなかで，制度が予定するTACの決定ができないというみなみまぐろ保存委員会（CCSBT）の機能不全を背景としていた。

[47] 例えばHenriksenらは，6条7項はモラトリアム等の導入に対する懸念におそらく対応した規定であると評する。Henriksen et. al. *supra* (n. 43) p. 24f.

うした基準値に基づく資源管理の要請は，関連情報等の更新のため，継続的に科学的調査に努める義務を伴うものと解される[48]。

　以上のように，UNFSA が定める基準値に基づく資源管理は，漁獲が資源に対する不確実なリスクを伴うことを前提に，迅速かつ安全な意思決定を継続的に確保することを求める点に，基本的な意義があると考えられる。そうした意思決定の「内容」については，たしかに一定の指針も含んでおり，なかでも限界基準値を超過するリスクを低く抑えることを求めている点が重要ではあるが，関係国には比較的広い裁量を与えているといえる。従来の学説でしばしば強調されてきたように，PA の実施にあたっては，関連漁業の社会的・経済的状況も考慮されうる[49]。だがその一方で，基準値の設定のほか，保存管理措置の事前の決定，それらの継続的な改定など，意思決定の「形式」或いは「プロセス」については比較的具体的に規律しようとしているといえる。UNFSA は，「管理のための戦略（management strategy）」の策定を通じて，そうした意思決定の体系的な実現を求めている（附属書Ⅱパラ 4，5）。

　ただし，特定の魚種について，具体的な基準値や超過の場合の措置等を即時に決定し，また実施することは実際には困難であることが多い。むしろ，不確実な状況下でも資源が崩壊しない意思決定を確保するという観点からは，様々な基準値や措置の比較検討を経ることが望ましいといえる[50]。具体的な基準値

---

[48] もっとも，科学的調査等によって削減しうる不確実性のみを UNFSA が想定しているとここで言いたいわけではない。例えば，UNFSA の PA の実施規則に従った資源管理を実現しつつあるまぐろ類の地域漁業管理機関の下では，予め決定しておくべき規則（HCR）の具体的内容については，資源動態等を再現したシミュレーションを利用し，管理の目標に適合的かどうかのテストを経て採択されるべきだとの考え方が一般化しつつある。こうした仕組みは，近年「管理戦略評価（Management Strategy Evaluation：以下 MSE）」と呼ばれるようになっているが，資源管理には不確実性が避けられないことを前提に，それでも資源が崩壊しない「頑強な（robust）」な意思決定の確保が要請されつつあるものと理解できる。より一般的に，漁業においてそうした不確実性が不可避であることを指摘するものとして，例えば W. Howarth, "The Interpretation of 'Precaution' in the European Community Common Fisheries Policy", Journal of Environmental Law, vol. 20/2 (2008) p. 221.

[49] UNFSA6 条 3 項 c は，PA の実施に際しての考慮要素の 1 つとして「社会経済の状況」を明文化している。ただし，少なくとも限界基準値の設定に関しては，本文で引用したその定義に鑑みても，そうした要素の考慮が認められるかは疑問である。

[50] 本稿の注[48]で述べた MSE の活用にあたっても，時間やコストがかかることが指摘されている。

や措置については，漸進的に設定に努めることが求められていると解するのが妥当であろう。

以上検討してきた UNFSA の諸規則は，まぐろ類を管理する条約を中心に，地域漁業管理機関（以下 RFMO）においても受容されつつあり，条約により進捗状況には差があるものの，具体的な基準値等の検討あるいは設定も徐々に進展しつつある[51]。また，FAO 責任ある漁業行動規範では，ストラドリング漁業資源等に限定されることなく，より一般的な漁業管理の文脈において，やはり不確実なリスクの考慮と基準値の利用を通じたその制御が求められている（パラ 7.5）。少なくともそれらの基本的内容に沿った意思決定を確保することは，今日の国際漁業分野における国際規範となりつつあるといえよう。

それでは，UNCLOS61 条が定める EEZ における沿岸国の保存義務も，同条約の採択後に発展しつつある PA の要求と整合的に実施されるべきだとはいえないだろうか。次にこの点を検討していくこととする。

(2) UNCLOS61 条と PA

(i)「ストラドリング魚類資源」・「高度回遊性魚類資源」と PA

まず第 1 に，少なくとも日本も含めた UNFSA の当事国は，PA に従って資源管理を実施することが求められているといいうる。そもそも UNFSA は，「UNCLOS の関連規定の効果的な実施」を通じて，資源の長期的保存と持続的利用を確保することを目的としている（1 条）。そしてその 3 条 2 項は，「国の管轄下にある水域内においてストラドリング魚類資源及び高度回遊性魚類資源を探査し，及び開発し，保存し，並びに管理するための主権的権利を行使するに際し，第 5 条の一般原則を準用する」ことを明文化しているが，前述の通り，そうした一般原則の 1 つとして PA の適用が規定されている（5 条 c）。たしかに第 5 条自体は，その柱書に定められているように，関係国が UNCLOS 上の協力義務を実施するにあたっての一般原則を定めるものであり，そこで適用が求められている PA も，RFMO における保存管理措置の決定など，基本的には国際平面における意思決定の規律を意図していると解しうる。だが，EEZ における主権的権利の行使に際して PA 等の準用を求める 3 条 2 項は，明らかに国内平面の意思決定を規律することを目的としている[52]。この規定は，人

---

[51] この点については，堀口健夫・前掲論文注(40)も参照。
[52] UNFSA が 61 条の沿岸国の義務の程度を高めたと指摘する見解として，例えば Christies, *supra*（n. 28）p. 24.

[第I部 論考]

為的な境界を越えた対象資源の一体性をふまえ,当該資源の保存にあたっては,管理のための基本的なアプローチが水域を越えて共有されることが肝要だとの認識に基づいている。特にストラドリング魚類資源については,UNCLOS63条2項が定める義務が,公海についてのみ適用のある規則の採択に向けた協力を定めるにとどまっており,EEZ について沿岸国が定める規則と競合する可能性が想定されえたのである。

そして UNFSA5 条 c が「次条(つまり 6 条)に従って」PA を適用すると定め,さらに 6 条 3 項 b が「附属書 II に規定する指針を適用すること」を求めていることをふまえると,上で検討した 6 条・附属書 II の内容に沿った PA の実施が,EEZ における資源管理においても求められると解するのが自然である。前に述べた UNCLOS61 条に関わる解釈上の論点についても,UNFSA が定める PA の実施規則は以下のような含意を持ちうる。すなわち,① MSY 水準をもたらす漁獲死亡率は限界基準値とすべきだとの指針に照らすと,そうした水準を超過する漁獲可能量を設定することが許されるとは考えにくい[53]。また,②少なくとも基準値は入手することのできる最良の科学的情報に「基づいて」設定され,その際には不確実性もまた考慮されねばならず,他方でそうした不確実性を削減するため科学的情報の継続的な収集等にも努めなければならない。このように,UNFSA が定める実施規則は,61 条に関する上記のような解釈にさらなる根拠を与えうる。

もっとも,UNFSA4 条によれば,同協定は UNCLOS の範囲内で,かつ UNCLOS と適合するように解釈し,及び適用するとある。この規定があるからといって,例えば UNCLOS の条文の内容を UNFSA がさらに明確にしていると解される場合には,UNFSA の規定に照らして UNCLOS の条文を解釈することは許されるであろう[54]。だが,仮に UNFSA が定める PA が,UNCLOS61 条が定める範囲を越えた要求を含むとすれば,UNFSA の実施規則に従った資源管理を沿岸国の法的義務として論ずることは困難となる[55]。しかしこの点につき,61 条は必ずしも確定的な内容の規則を定めるものではなく,資源の保

---

[53] 同様の見解として,例えば,R. Rayfuse, 'The Interrelationship between the Global Instruments of International Fisheries Law' in E.Hey (ed.) *Developments in International Fisheries Law*(1999)p. 129.

[54] 同様の見解として,例えば Henriksen, et.al. *supra*(n. 43)p. 15.

[55] この問題については,例えば S. Marr, *The Precautionary Principle in the Law of the Sea*(2003)p. 144. を参照

存という観点からはさらなる明確化の余地を残す規定であったことは前に述べた通りである。PA の適用が排除されるべき根拠として，「最良の科学的証拠を考慮して」保存管理措置を決定せよと定める 61 条 2 項の規定が考えられるかもしれないが，「入手することのできる（証拠）」との条件が付されることで，例えば不十分な情報であっても「最良の科学的証拠」に該当しうるとの解釈が許容されうる規定となっていた。むしろ，不確実性が常に伴う資源管理の現実をふまえれば，この文言を厳格に解することは，資源の保存を図ろうとする 61 条自体を無意味にしかねない。国際海洋法裁判所（以下 ITLOS）・西アフリカ地域漁業委員会（以下 SRFC）勧告的意見（2015 年）も，RFMO の 1 つである SRFC の加盟国の義務を明らかにする文脈において，61 条と 62 条に従って確保すべき事項の 1 つとして，「保存管理措置は SRFC 加盟国が入手することのできる最良の科学的証拠に基づくこと，並びに，そのような証拠(such evidence)が不十分である場合には，（関連条約の規定に基づいて）PA を適用しなければならない」点を指摘しており[56]，61 条の「最良の科学的証拠」の文言は PA の適用と両立しうるとの理解を示している[57]。

たしかに，UNFSA の交渉過程においても，自国の EEZ における主権的権利に制約を課せられることに対しては，少なからぬ国が慎重な立場をとっていた[58]。しかし，規制対象となる海洋生物資源の一体的な管理の重要性から，特に PA については，例外的に EEZ 内の資源管理にも適用されることになったのである[59]。もっとも，上で述べてきたような理由から PA と整合的に保存義務を実施すべきだといえても，以下の点には注意を要する。第 1 に，UNFSA の射程はストラドリング魚類資源並びに高度回遊性魚類資源の管理に限定され

---

[56] *Request for Advisory Opinion submitted by the Sub-Regional Fisheries Commission*, Advisory Opinion of 2 April 2015, para. 208.

[57] PA の適用を求めている UNFSA 自体も，関係国が決定する保存管理措置が「入手することのできる最良の科学的証拠」に基づくことを改めて定めている（5 条 a）。また，PA の実施において設定されるべき基準値や，それを超過した場合にとる措置についても，「入手することのできる最良の科学的情報」に基づいて決定することとしている（6 条 3 項 b）。

[58] この点については，例えば M. Hayashi, "United Nations Conference on Straddling Fish Stocks and Highly Migratory Fish Stocks: An Analysis of the 1993 Sessions", Ocean Yearbook vol. 11（1994）p. 36 も参照。

[59] UNFSA3 条 1 項も，6 条の規定が，国の管轄下にある水域内の資源の保存・管理に適用されることを特に定めている。

[第Ⅰ部 論考]

ており，これらに該当しない魚種については，少なくとも UNFSA を根拠に PA と整合的な資源管理を主張することは困難である。第2に，沿岸国の主権的権利の行使にあたって PA の採用が求められるとしても，前述のように，特定の魚種や系群について具体的な基準値等が設定されていないことが，直ちに義務違反となるとは考えにくく，それらの設定に努めているかが問われるにとどまる。だが，基準値に基づく資源管理制度自体を法制化していないことは，61条或いは UNFSA の規定との関係で問題となるかもしれない。

　(ⅱ)「ストラドリング魚類資源」・「高度回遊性魚類資源」以外の海洋生物資源と PA

　それでは，ストラドリング魚類資源や高度回遊性魚類資源に該当しない魚種・系群については，EEZ での資源管理において PA の実施は国際法上要求されないといってよいだろうか。勿論そのような要求を含む特別な条約の適用があれば別だが，この点に関連して近年注目すべきは，国家の相当の注意義務の概念と PA を関連づける理解が，国際裁判所や学説で支持を集めつつある点である。国際法上の相当の注意義務は，基本的には私人の行為に関する国家責任の文脈で論じられるが，しばしば特定の結果の達成が求められる「結果の義務」と対比され，「行為の義務」，或いは，「国家の能力に従って最善を尽くす義務」等と説明される(60)。「生物資源の維持が過度の開発によって脅かされないことを適当な保存措置及び管理措置を通じて確保」するという61条の中核的義務についても，結果の義務ではなく相当の注意義務であると考えられる(61)。

　こうした相当の注意義務と PA との関係について，近年 ITLOS 海底裁判部の深海底活動に関する保証国の責任・義務に関する勧告的意見（以下深海底勧

---

(60) 例えば，International Law Commission, Third Report on the Protection of the Atmosphere by Sinya Murase, Special Rapporteur. A/CN. 4/692（2016）para. 18. を参照。

(61) すぐ後に本論でも取り上げる，国際海洋法裁判所海底裁判部の深海底活動に関する保証国の責任・義務に関する勧告的意見（2011年）は，国際法委員会の国家責任条文（2001年）のコメンタリー（8条パラグラフ1）を参照しつつ，以下のように指摘している。「「確保する（to ensure）」との表現は，自国管轄下で私人が実行したあらゆる違反について当該国に責任を負わせるのは合理的ではないが，同様に，私人の行為は国際法上国家に帰属しないという原則を単に適用することは満足のいくものではないと考えられているような義務に言及するため，国際法文書でしばしば用いられている。」*Responsibilities and obligations of States with respect to activities in the Area*, Advisory Opinion, 1 February 2011, para. 112.

告的意見)(2011年)が,やや踏み込んだ意見を示した。同裁判部は,UNCLOSではPAは明文化されていないにも関わらず,PAは深海底活動の特定の関係国に課せられている相当の注意義務の「不可欠の一部 (an integral part)」であるとし,「そうした注意義務は,契約者の活動から生じうる損害を防止するために当該国がすべての適当な措置をとることを要求する。この義務は,問題の活動の射程や潜在的な悪影響に関して科学的証拠が不十分であるものの,その潜在的なリスクが説得的に示される状況において適用がある。もしこれらのリスクを保証国が無視するならば,当該国が負う相当の注意義務を尽くしているとはいえないだろう。そのように無視することはPAの不遵守に等しいだろう」との意見を示した[62]。勿論この意見は,深海底制度の特定の文脈で示されたものであって,直接的には海洋生物資源の管理とは無関係であるが,注目すべきは,相当の注意義務とPAとのこうした関係を示唆した先例として,ITLOSみなみまぐろ事件暫定措置命令(1999年)が挙げられている点である[63]。同事件では,日本が計画する調査漁業の資源への影響について当事国間で科学的見解が対立する等の状況にあったが,裁判所は,「かかる状況において,当事国は賢慮と慎重さをもって行動し,みなみまぐろの当該資源に対する深刻な損害を防止するよう,効果的な保存措置がとられることを確保するべきである」との判断を示していた[64]。

　海底裁判部による上記の解釈の根拠については必ずしも判然としないところがあるが,PAは相当の注意という概念に内在するとの理解に立っているのかもしれない。同勧告的意見でも確認されているように,一般に相当の注意義務については,懸念されるリスクの程度に応じた注意深さが要求されると理解されており[65],不確実なリスクの考慮もそうした要求の一環として理解しうる[66]。

---

[62] *Responsibilities and obligations of States with respect to activities in the Area*, para. 131.

[63] *Ibid.* para. 132.

[64] *Southern Bluefin Tuna Cases*, para. 77. 同暫定措置命令におけるPAの意義については,堀口健夫「国際海洋法裁判所の暫定措置命令における予防概念の意義(1)」北大法学論集第61巻2号 (2010年) 1-35頁を参照。

[65] *Responsibilities and obligations of States with respect to activities in the Area*, para. 117.

[66] そのような理解に立つものとして,G. Handl, "Environmental Security and Global Change: The Challenge to International Law", in W. Lang. et. al., eds, *Environmental Protection and International Law* (1991) p. 77.

[第Ⅰ部 論考]

だが，前に引用した UNFSA 6 条 2 項の規定からも伺えるように，少なくとも国際漁業分野においては，リスクの深刻さは必ずしも PA の適用の条件とはされていないため，こうした説明がどこまで説得的かは疑問も残る[67]。

おそらく海底裁判部自身の立場とは異なるが，PA が一般国際法上の規範であることを根拠に，義務の解釈において考慮されるべきだとの主張はありうる。前述のみなみまぐろ事件では，豪州・NZ 側が，日本がみなみまぐろの保存管理に関わる UNCLOS 上の義務を実施するにあたり，PA を考慮しなかったことを理由の 1 つに挙げ，公海における保存義務等を定めた UNCLOS 116 条等に違反したと主張したが，その際両国は PA（厳密には両国は precautionary principle の語を用いていた）が国際慣習法上の規範であると主張していた。明示的には主張されていなかったが，当該条文の解釈で考慮されるべき「国際法の関連規則」に PA が該当するとの立場に立っていたと理解できる[68]。PA が一般国際法上の規範といえるかについては，近年では肯定的な見解が有力となりつつあり，UNCLOS 61 条の解釈にあたっても関連規則として考慮されるべきだと主張することは，以前ほど困難ではなくなりつつある[69]。もっとも，前述の UNFSA 6 条の 3 項以下の規定や附属書Ⅱで示された規則・指針についてまで，

---

[67] 漁業分野では，懸念される損害の基準が緩和されていると指摘するものとして，例えば Marr, *supra*. (n. 55) p. 176f.

なお上述の深海底勧告の意見は，求められる注意の内容は可変的であることを指摘する文脈で，特に科学的・技術的知見の発展にも言及している。慎重な検討を要するが，PA を考慮すべき根拠をかかる知見の発展に見出すことも可能かもしれない。*Responsibilities and obligations of States with respect to activities in the Area*, para. 117.

[68] ウイーン条約法条約（1969 年）は，条約の解釈においては「当事国の間の関係において適用される国際法の関連規則」も考慮されると定めている（31 条 3 項 c）。

[69] PA が一般国際法上の規範であることに肯定的な見解においては，従来は国際慣習法として確立したと主張するものが多かったが，近年では法の一般原則（ICJ 規定 38 条 1 項 c）として性格づける論者も増えてきている。例えば Markowski は，法の一般原則である PA は，EEZ の資源管理をも規律する国際法規範だと主張する。Markowski, *supra* (n. 24) p. 20.

なお深海底勧告の意見も，PA が一般国際法上の規範として確立したとまでは断言しなかったが，国際慣習法として確立しつつある傾向が認められることは肯定し，その文脈で ICJ パルプ工場事件判決（2010 年）に言及した。同判決は，紛争当事国に適用のある二国間条約の解釈に PA が関わりうるとしたが，同勧告意見によれば判決のこの部分は条約法条約 31 条 3 項 c に照らして理解されうるという。*Responsibilities and obligations of States with respect to activities in the Area*, para. 135. *Pulp Mills on the River Uruguay* (Argentina v. Uruguay), Judgment of 20 April 2010, para. 164.

そのような法的地位を主張することは困難である。せいぜい、UNFSA6条2項で示されたような中核的な内容の指針、すなわち「いずれの国も、情報が不確実、不正確又は不十分である場合には、一層の注意を払うものとする。十分な科学的情報がないことをもって、保存管理措置をとることを延期する理由とし、又はとらないことの理由としてはならない」といった指針について指摘できるにとどまるだろう。ただし、例えば十分なセーフティーマージンを設定しているか否かといった事実は、そうした指針に沿った対応をしているかどうかの評価に影響しうる。

　勿論、PAが一般国際法上の規範だといえたとしても、61条の保存義務の規定が、そのような規範の考慮を排除していないか検討する必要はある。だが前述のように、61条はそもそもこの点につき確定的な内容の規則を定めているとは考えにくく、また「適当な措置」という抽象的・発展的な文言を用いてその中核的義務を定めている。同条の3項が、そうした措置の決定の際の考慮要素の1つとして、「一般的に勧告された国際的な最低限度の基準」を挙げていることに鑑みても、資源管理のための「適当な措置」の決定にあたり、UNCLOS採択後の国際規範の発展も考慮されるべきことについては、UNCLOS当事国も想定していたと解するのが妥当である。

　しかも「勧告された」基準という文言からすると、考慮されるべき国際規範は、法的拘束力を有する規範に限定されていない。したがって、PAの採用が厳密には一般国際法上の義務とはいえないとの立場をとったとしても、PAの関連性を主張する余地は残る。例えば2017年に刊行されたUNCLOSに関するコメンタリーの中で、HarrisonとMorgeraは、前述のFAO責任ある漁業行動規範もそうした基準を含む国際文書の1つだと指摘している[70]。同行動規範のPAに関する規定は、UNFSA6条や附属書Ⅱと比べるとより簡潔ではあるが、「十分な科学的情報の欠如を保存管理措置の採用の延期または不履行の理由としてはならない」との指針を定め（7.5.1）、限界・目標基準値を利用した資源管理を少なくとも求めている（7.5.3）。

　以上のようなことから、「生物資源の維持が過度の開発によって脅かされないことを適当な保存措置及び管理措置を通じて確保」するという61条の中核的な義務については、ストラドリング魚類資源や高度回遊性魚類資源に限らず、

---

[70] Proelss, *supra* (n. 12) p. 487.

[第I部 論考]

そうした措置の決定において科学的に不確実なリスクの考慮を怠ることがあれば，当該義務が求めている相当の注意を尽くしたとはいえないとの理解が説得的となりつつある。たしかに，上で言及した先例はいずれも国際公域に関わる判断であるといえ，EEZ とはやはり文脈が異なるとの指摘がなされるかもしれない。だが前に述べた通り，EEZ の生物資源に関する沿岸国の主権的権利は，国際社会の一般利益の実現をも目的として行使されねばならないというべきであり，EEZ が国家領域（領水）とは異なる特別な海域であることも考慮されるべきであろう。また，少なくとも責任ある漁業行動規範が定める PA の規定については，保存管理措置の決定において考慮されるべき国際基準であると主張することは不可能ではないと考えられる。

III　日本の国内実施

1　TAC 法と予防的アプローチ

(1) TAC 法の概要

　以上のような意味で，EEZ における海洋生物資源保存義務について PA と整合的な実施が国際法上求められているとして，日本の EEZ での従来の資源管理はどのように評価できるであろうか。ここでは，2018 年改正漁業法に統合されるまで 61 条の義務の主たる担保法であった TAC 法に焦点をあてて，この点の検討を進めていくこととする。

　まず，保存管理措置の決定に関わる部分に絞って，従前の TAC 法の概要をごく簡単に確認しておく。前述のように，UNCLOS61 条は「アウトプット・コントロール」にあたる漁獲可能量の決定を沿岸国に求めているが，従来日本では「インプット・コントロール」或いは「テクニカル・コントロール」を中心に漁業の規制を行っていたのであり，その意味で同条は日本に新たな規制手法の導入を要求するものであった[71]。こうした漁獲可能量の制度を導入することで，日本の周辺海域の資源管理を図り，また 61 条の義務を実施するために新たに立法されたのが「海洋生物資源の保存及び管理に関する法律」（1996 年）であり[72]，「(総) 漁獲可能量（Total Allowable Catch）」の略称から TAC 法と呼ばれてきた[73]。なお同法の下では，「漁獲可能量」は，「排他的経済水域等において採捕することができる海洋生物資源の種類ごとの年間の数量の最高限

度」と定義された（2条2項）[74]。

　その後同法は何度か改正されてきたが，基本的にこの漁獲可能量制度（以下TAC制度）では，農林水産大臣が水産政策審議会の意見を聞いて定める基本計画において，政令で指定される第1種特定海洋生物資源について漁獲可能量が設定されることとなっていた。具体的には，さんま，すけとうだら，まあじ，まいわし，まさば及びごまさば，ずわいがに，するめいかの7種が指定されていたが（法律制定当初から指定されていたのはするめいかを除く6種），後でも触れるように，2018年に入って太平洋くろまぐろが正式に追加された。この漁獲可能量は，MSYを実現することができる水準に当該資源を維持・回復させることを目的として，対象資源ごとの動向や他の海洋生物資源との関係

---

(71) 例えば，1995年に海洋法制度研究会が公表した中間とりまとめでは，以下のように説明されている。「漁業法を中心とする現行の漁業制度は，関係漁業者間の漁場利用調整を主たる目的とするものであり，その手法は，主として漁獲努力量規制（つまりはインプット・コントロール）によるものである。……一方，新たに導入することが予定されている漁獲可能量制度は，生物資源の管理を目的とするものであり，その手法は，漁業量の管理によるものである。……漁業利用調整等従来から果たしてきた漁業規制の役割は今後も必要であり，維持しなければならないが，これに加えて，資源の量的管理という観点から漁獲可能量制度を新たに導入することが適当である」国連海洋法条約関連水産関係法令研究会編『国連海洋法条約水産関係法令集』340-341頁所収。なお海洋法制度研究会とは，UNCLOSの締結に向けて漁業管理制度のあり方を検討するために，沿岸漁業等振興審議会と中央漁業調整審議会に合同で設置された会議体である。

(72) その目的を定める1条は，以下のように規定していた。「この法律は，我が国の排他的経済水域等における海洋生物資源について，その保存及び管理のための計画を策定し，並びに漁獲量及び漁獲努力量の管理のための所要の措置を講ずることにより，漁業法（昭和二十四年法律第二百六十七号）又は水産資源保護法（昭和二十六年法律第三百十三号）による措置等と相まって，排他的経済水域等における海洋生物資源の保存及び管理を図り，あわせて海洋法に関する国際連合条約の的確な実施を確保し，もって漁業の発展と水産物の供給の安定に資することを目的とする。」

(73) 当時においても，既存の漁業法を改正して61条の実施を担保するという選択肢も考えられたが，漁業法との矛盾が顕在化することへの懸念や，漁業法全体に改正の議論が及ぶことを避ける等といった理由から，新規立法とすることが選択されたようである。なおその際，漁業法とTAC法との関係については，前者がインプット・コントロールを，後者がアウトプット・コントロールを扱うという整理が一応なされたようであるが，TAC法の下でのTAE制度の導入（後述）からも伺えるように，両者の関係はそう単純ではなかった。TAC法制定の経緯については，例えば篠原孝「TAC（漁獲可能量）制度の成立と背景」漁業経済研究42巻2号（1997年）1-31頁を参照。

(74) TAC法は，対象魚類の分布状況をふまえ，EEZに加えて領海等もその規制の射程に含んでいた。

等を基礎に，漁業の経営その他の事情を勘案して定めるものとされた（3条3項）。こうした内容は，特に UNCLOS の 61 条 3 項並びに 4 項をふまえて条文化されたものであったといえよう。

こうして各魚種について定められる漁獲可能量は，漁業の種類に応じて，農林水産大臣が管理する大臣管理分と，都道府県知事が管理する知事管理分に大きく配分された。後者で漁獲可能量を配分される各都道府県は，それぞれ都道府県計画を策定し，漁業種類別にさらに配分を行う。その後，関係の漁業者は農林水産大臣又は知事に漁獲量（採捕数量）を報告することになっており，それをふまえて大臣又は知事が必要に応じて助言，指導，採捕の停止命令等を行って漁獲量を管理するというのが，制度の基本的な仕組みとなっていた[75]。

なお 2003 年 4 月より，この TAC 制度を補完するため，漁獲努力量[76]の総量管理制度（以下 TAE 制度）も導入された。資源回復計画の対象となる魚種について，漁獲努力量の上限である「漁獲努力可能量」を予め定めておき，その範囲内に努力量がとどまるよう管理する制度で，政令で指定される第 2 種特定海洋生物資源が対象となった。これは，いわゆる「インプット・コントロール」に該当する制度であり，あかがれい，いかなご等，TAC 制度の対象となっていないいくつかの魚種が具体的に指定されてきた。

(2) TAC 法による漁業管理と PA

それでは，我が国の従前の TAC 法の下では PA と整合的な資源管理が実際に行われてきたといえるだろうか。

まず第 1 に，TAC 法をはじめ，同法に基づいて策定された海洋生物資源の保存及び管理に関する基本計画や，同法の施行令等をみても，PA の採用は明文化されておらず，また，その趣旨を明確に反映した規定を見出すことも困難である。この点は，漁業法，水産資源保護法といった関係法令についても同様である。日本の水産政策の基本法である水産基本法も，「水産物の供給に当たっては，水産資源が生態系の構成要素であり，限りあるものであることにかんがみ，その持続的な利用を確保するため，海洋法に関する国際連合条約の的確な

---

[75] なお，採捕停止命令等の強制的性格の規定については，日中・日韓の暫定水域に分布する資源については適用除外とされていた。TAC 法施行令 2 条を参照。

[76] TAC 法上，「漁獲努力量」は「海洋生物資源を採捕するために行われる漁ろう作業の量であって，採捕の種類別に操業日数その他の農林水産省令で定める指標によって示されるもの」と定義されていた（2条3項）。

実施を旨として水産資源の適切な保存及び管理が行われるとともに，環境との調和に配慮しつつ，水産動植物の増殖及び養殖が推進されなければならない」（2条2項）と定め，海洋生物資源の持続的利用の確保等には言及しているものの，PAについては沈黙している。もっとも，同法に基づいて策定されている最新の水産基本計画（平成29年（2017年）4月）は，EEZ内の資源管理の文脈において，目標基準値や限界基準値といった基準値の導入に言及している。しかしながら，科学的に不確実なリスクの考慮や制御といった指針は明確にはされていない。またいずれにせよ，TAC法の下では，それらの基準値に基づく資源管理が法制化されることはなかった。

第2に，TAC法の実際の運用をみても，PAに沿った意思決定がなされてきたといえるかは疑問である。漁獲可能量の決定プロセスにおいては，漁獲可能量のベースとなる生物学的許容漁獲量（Allowable Biological Catch：以下ABC）がまず科学的に算定されることが一般的だが，このABCは，水産庁と水産総合研究センター（現水産研究・教育機構）が策定する算定規則に従って決定されてきた。そして現行の算定規則では，「資源評価はある程度の不確かさを持ち，資源の加入量変動は大きい。資源管理の失敗を高い確率で防ぐため，予防的措置をとる場合についても検討する」とされ，算定されたABCに安全率（通常は0.8）をかけたABCも算出されてきた[77]。前者はABClimit，後者はABCtargetと呼ばれ，漁獲可能量の決定にあたっては，いくつかの管理のシナリオ（資源回復を図るスピードの違いに応じた複数の案）に沿って，複数のABClimitとABCtargetが選択肢として提示されうる。以上のような意味で，ABCの算定プロセスにおいては，おそらくはPAの国際的な発展が意識され，一定の不確実性の考慮が図られてきたことはたしかである。しかし，ABC算定後の漁獲可能量の決定（水産政策審議会（以前は中央漁業調整審議会）への諮問を経て決定）では，ほとんどの場合ABClimitが漁獲可能量の基礎として選択され，安全率を加味したABCtargetが選択されることは極めて少なかった。対象となる資源の状態が悪い場合であってもそうであり，少なくとも何か一貫した指針に基づいて選択がなされてきたとは考えにくい[78]。

また，このように安全率が加味される可能性はあるものの，基本的に従来の漁獲可能量は，生物学的に推奨される最低限の資源水準（Blimitと呼ばれる）

---

[77] 平成27（2015）年度ABC算定のための基本規則（平成27年6月1日水産庁増殖推進部／国立研究開発法人　水産総合研究センター）を参照。

[第Ⅰ部 論考]

をベースに設定されてきたと考えられる[79]。これは一種の限界基準値の設定に基づく管理といえるかもしれないが、少なくとも目標基準値に相当するものはこれまで明確には設定されてこなかった[80]。TAC法もABCの算定規則もMSYの実現を謳ってはいたものの、実際にはMSYをもたらす資源量を目標とした資源管理が進められてきたとは言い難い[81]。また、Blimitを下回った場合にとられる措置についても、資源量が例外的に危機的な水準(Bban)において禁漁等が予定されている点を除くと、基本的には回復措置がとられるという点しか事前に定められていなかった[82]。そして漁獲可能量の継続的な改定については、毎年最新の資源評価をふまえて漁獲可能量の検討がなされているほか、漁期中にも新たな情報等をふまえた改定が実施されているが(期中改定)、

[78] 例えば、平成27年(2017年)のすけとうだら日本海北部系群については、生物学的に許容できる限界とされる資源量(Blimit)を大きく下回っていたにも関わらず、安全率を加味したABCは選択されず、またその理由も明確ではない。その一方、同年のするめいかの系群については安全率を加味したABCが選択されているが、その理由としては、同種が単年魚で海洋環境等により資源が悪化するおそれがある、とだけ説明されている。このことが理由であれば、するめいかは毎年ABCtargetを選択することが原則となるはずだが、実際にはそうなっていない。第69回水政審資源管理分科会議事録(平成27年(2015年)2月20日)を参照。

[79] なお近年は解消されてきているが、制度導入当初より、生物学的に推奨されるABCを超過してTACが設定されるケースが多々みられた。制度の定着を図るため実績確保を重視したことや、減船等の漁獲努力量の削減に対する補償制度がなかったことなどが理由として指摘されている。例えば、片岡千賀之「日本型TAC(漁獲可能量)制度の検討:スルメイカの場合」漁業経済研究47巻2号(2002年)52頁を参照。

かつては、ABCを超過したTACの設定について、UNCLOS61条3項が経済上の関連要因の考慮を挙げている点を理由に条約上も問題ないとの説明も散見された。だが、前述のように、PAに照らした解釈が求められる今日においては、少なくともMSY水準を実現する漁獲量を超過する漁獲可能量の設定を主張することは困難だというべきである。

[80] 実際上は、海洋生物資源の保存及び管理に関する基本計画に記載される、中期的管理方針に定められる内容が、実質的に資源管理の目標の役割を果たしてきたといえる。

[81] こうした状況の背景の1つには、MSY概念自体に対する研究者側の強い疑念があったとされる。2004年の改訂以降のABC算定規則においても、MSYは「適切と考えられる管理規則による資源管理を継続することで得られる漁獲量」といった漠然とした定義が与えられるようになっていた。これらの点については、渡邊千夏子「現行のABC算定ルールと管理目標」月刊海洋50巻10号(2018年)444-449頁を参照。

[82] 平成29年度のABC算定規則では、「資源がBlimitより低い水準にある場合は、資源の回復が期待できる漁獲係数をFlimitとし、複数の方策を設定できる」と定められている。

後者の期中改定については，つい最近の 2018 年のずわいがにの例を除いて，従来漁獲可能量の追加のみを実施しており，期中でそれを削減することはなかった[83]。前述の ABC の選定においてもそうであるが，基本的には漁獲可能量をできるだけ多く確保する方向で意思決定を行う傾向が認められる一方，十分なセーフティーマージンの設定や，事前の対応措置の決定，順応的管理などを通じて，不確実な乱獲のリスクを安全かつ迅速に制御するような意思決定が制度化されているようには見受けられない。

そもそも TAC 制度の対象種は，太平洋くろまぐろも含めて現在 8 魚種にとどまり，EEZ で漁獲されている他の少なからぬ魚種が TAC 制度の対象外となっているが，水産庁はその理由の 1 つとして，漁獲可能量を決定する基礎となる科学的知見の不足を挙げている[84]。たしかに，漁獲可能量の設定には年級別の資源量等の情報が重要であるが，前述のように UNFSA は暫定的な基準値の設定も求めており，少なくともストラドリング魚類資源や高度回遊性魚類資源に該当しうる魚種についてはこの点にも考慮を要する。また，TAC 制度の対象外で資源状態の悪い一部の魚種については，TAE 制度による管理が進められているが，PA を指針とした意思決定がなされているかは定かではない。

以上のようなことから，TAC 法の下では，PA に指針づけられた資源管理が従来行われてきたとは言い難い。TAC 制度の対象種の中には，例えばさんまのように，ストラドリング魚類資源或いは高度回遊性魚種に該当すると考えられる魚種[85]が当初から含まれているが，少なくとも UNFSA6 条や附属書Ⅱの規則・指針に沿った管理はなされていない[86]。また，そうした魚種に限らず，TAC 制度・TAE 制度が，「いずれの国も，情報が不確実，不正確又は不十分である場合には，一層の注意を払うものとする。十分な科学的情報がないことをもって，保存管理措置をとることを延期する理由とし，又はとらないことの

---

[83] 従来水産庁は，期中改定による TAC の削減は現実には想定していないと説明していた。例えば第 52 回水政審資源管理分科会議事録（平成 23 年（2011 年）8 月 3 日）参照。2018 年のずわいがにの期中改定は TAC が削減された初めての例であり，今後の運用が注目される。

[84] 例えば，第 59 回水政審資源管理分科会議事録（平成 24 年（2012 年）11 月 8 日）を参照。TAC 制度の対象に追加すべき魚種として，かたくちいわし，ほっけ，ぶり，まだら等が指摘されているが，対象外とする理由の 1 つとして，いずれも科学的知見が十分ではない点を挙げている。

[第Ⅰ部 論考]

理由としてはならない」という一貫した指針に基づいて設計・運用されてきたかという点については，否定的に評価せざるをえない。

2 近年の展開

(1) 新たな資源管理に向けた動き：2018年の漁業法改正

　もっとも，TAC制度も含め，我が国の漁業管理制度については現在大きな改革に向けた動きがみられる。平成29年（2017年）策定の水産基本計画において，2つの基準値に基づく資源管理の導入が掲げられたことは前述の通りであるが，農林水産業・地域の活力創造本部が2018年に改訂した農林水産業・地域の活力創造プランの「別紙8：水産政策の改革」は，より具体的に以下のような資源管理制度の構築を打ち出している。

１　新たな資源管理システムの構築
②　資源管理目標の設定方式を，再生産を安定させる最低限の資源水準をベースとする方式から，国際的なスタンダードである最大持続生産量（MSY）の概念をベースとする方式に変更し，最大持続生産量（MSY）は，最新の科学的知見に基づいて設定する。このため，国全体としての資源管理指針を定めることを法制化し，この指針において，資源評価のできている主要魚種について，順次資源管理目標として，次の2つの基準を設定する。
ア　回復・維持を目指す水準としての「目標管理基準」（最大持続生産量（MSY）が得られる資源水準）
イ　乱獲を防止するために資源管理を強化する水準としての「限界管理基準」

---

(85) ストラドリング魚類資源等に該当するといえる魚種のうち，例えばぶりのように，TAC制度，さらにはTAE制度の対象外の種も存在する（だからといって全く無規制というわけではなく，少なくとも漁業法に基づくインプット・コントロールには服する）。ぶりについては，資源状態が比較的良好ではあるうえ（平成29年の資源評価では高位・横ばい），数量管理の難しい定置漁業での漁獲も多いなど，運用にあたって複雑な調整を要することから，TAC対象種とする必要性或いは優先順位は低いと判断されているようである。しかし，国際協力による保存が必要な状況になれば，UNFSAの規定をふまえた管理の検討は避けられない。また，定置漁業の管理や漁業者間の配分をめぐる問題は，近年TAC対象種となった太平洋くろまぐろの管理をめぐって特に顕在化しており，試行錯誤の対応が続いている。

(86) もっとも，外国における漁獲可能量の決定においても，予防的な基準値の採用はあまり進んでいないとの評価がみられる。例えば，Markowski, *supra*（n. 24）p. 122を参照。

（これを下回った場合，原則として10年以内に「目標管理基準」を回復するための資源再建計画を立てて実行する）。
③「目標管理基準」の維持・段階的回復を旨として，国は毎年度の漁獲可能量（TAC）を設定する。TAC対象魚種は，漁業種類別・海区別に準備が整ったものから順次拡大し，早期に漁獲量ベースで8割をTAC対象に取り込む。
〈以下略〉

そして2018年末に改正された漁業法は，従来TAC法の下で運用されてきたTAC制度を統合し（TAC法は廃止），こうした新たな資源管理の法制化を図っている。2018年改正漁業法は，その目的として「水産資源の持続的な利用」の確保にも初めて明文で言及し（1条），「MSY（現在及び合理的に予測される将来の自然的条件の下で持続的に採捕することが可能な水産資源の数量の最大値）を実現するために維持し，又は回復させるべき目標となる値」である「目標管理基準値」と，「資源水準の低下によってMSYの実現が著しく困難になることを未然に防止するため，その値を下回った場合には資源水準の値を目標管理基準値にまで回復させるための計画を定めることとする値」である「限界管理基準値」の設定を中心とした，資源管理の導入を予定している（12条等）。UN-FSAや責任ある漁業行動規範に定められたPAの実施規則により整合的な資源管理制度が規定されているように見受けられる一方，PAの中核的な指針はやはり明文化されておらず，暫定的な基準値の設定可能性や，限界基準値を超過するリスクを低く抑えるといった指針などは，少なくとも本法の条文上は明確にされていない。科学的なABCの算定プロセスのみならず，漁獲可能量の決定プロセスも含めて，少なくともそうした中核的指針に沿った意思決定を実現しうる制度の構築と運用がなされるかどうかが，今後も問われることとなろう。この改正漁業法ではTAE制度も継承されているが，同制度下の管理についても同様のことがいえる。

(2) 日本のTAC制度をとりまく国際的動向

PAにより整合的な資源管理の在り方の検討をさらに進めることは，TAC制度をとりまく昨今の国際的な動向からも一層要請されつつあるように思われる。

TAC制度をめぐる近年の重要な展開の1つは，太平洋くろまぐろが，試行期間を経て2018年に正式にTAC対象種となったことである。同魚種につい

[第Ⅰ部 論考]

ては，中西部太平洋まぐろ類条約（以下 WCPFC 条約）[87]の下で実質的に設定されている日本の国別漁獲割当量が，そのまま国内における漁獲可能量となっている（同条約の適用海域は EEZ 等にも及んでいる）。事実上，国際平面での意思決定を通じて国内の漁獲可能量が設定されるという意味で，従前の TAC 対象種とは異なる。WCPFC 条約では UNFSA が定める PA の実施規則がほぼそのまま条文化されており，少なくとも国際的な漁業委員会（WCPFC）の意思決定を規律するようになっている。太平洋くろまぐろについても，今後基準値に基づいた国際的規制がさらに進展する見込みであり[88]，その結果が日本の TAC 制度による管理にも直接的に反映することになる。つまり，太平洋くろまぐろが制度の対象種となったことは，TAC 制度下での漁獲可能量が，実際に UNFSA 等が定める PA の実施規則に従って実質的に決定される潜在的な契機を含んでいる。TAC 制度における規制の一貫性の確保（魚種によって管理の基本的アプローチが異なるという状況の回避）という観点からも，また国内漁業者等の理解を基礎とした持続的な制度運用という観点からも，例えば関係の基本計画にすら PA への言及を欠く状況は再考を要するであろう[89]。

　もう1つは，当初より TAC 対象種であるさんまに関する動向である。同魚種については，近年公海での外国漁船の漁獲量が増大しており，北太平洋漁業資源保存条約（以下 NPFC 条約）[90]の下で国際的な管理に向けた交渉が続いている（同条約の適用海域は公海に限定されている）。その一方で日本は漁獲可能量を国内で設定し保存管理を続けているが，そのこと自体は EEZ に関する日本の主権的権利の行使として許容される一方，UNFSA が定める PA の実施が要求されうることは前述の通りである。

　また，UNFSA7 条 2 項は，以下のように定める。

---

[87]　Convention on the Conservation and Management of Highly Migratory Fish Stocks in the Western and Central Pacific Ocean, 2000.

[88]　この点については，堀口・前掲論文注(40)を参照。

[89]　元々日本の TAC 制度は，協定制度の採用にみられたように，「資源利用者による資源管理」という我が国の漁業管理制度の伝統的理念を色濃く継承している側面もあった。その点に鑑みても，資源管理の基本的指針に対する漁業者の理解の促進は課題であるように思われる。なお，日本の管理理念の特徴を検討するものとして，牧野光琢「日本の水産資源管理理念の沿革と国際的特徴」日本水産学会誌 69 巻 3 号（2003 年）368–375 頁。

[90]　Convention on the Conservation and Management of High Seas Fisheries Resources in the North Pacific Ocean, 2012.

公海について定められる保存管理措置と国の管轄の下にある水域について定められる保存管理措置とは，ストラドリング魚類資源及び高度回遊性魚類資源全体の保存及び管理を確保するために一貫性のあるものでなければならない。……いずれの国も一貫性のある保存管理措置を決定するにあたって，次のことを行う。

(a) 沿岸国が自国の管轄の下にある水域において同一の資源に関し条約（筆者注：UNCLOS）61条の規定に従って定め，及び適用している保存管理措置を考慮すること並びに当該資源に関し公海について定められる措置が当該保存管理措置の実効性を損なわないことを確保すること。

日本は現在，NPFC条約の下で，公海での外国漁船によるさんまの漁獲について，早期の制限の必要性を主張している。上記のUNFSA7条2項aは，沿岸国の措置の優位性を認めるものとまではいえないかもしれないが，EEZの漁業管理におけるPAの制度化を進めることは，公海での予防的な規制を実現するための国際交渉で主導権を得るにあたって，重要な意味をもちうる。そうした戦略的な観点からも，PAに整合的なEEZの資源管理が検討されねばならないだろう[91]。ストラドリング魚類資源等に該当するその他の魚種の管理の在り方を今後さらに検討するにあたっても，この点は留意されるべきである。

IV 結 語

UNCLOSの採択から40年弱，我が国の批准からも20年以上が経過し，UNCLOSの生物資源保存に関する制度をとりまく規範意識や科学的知見等も変化してきている。本稿で検討してきたように，EEZにおける国際法上の沿岸国の保存義務も，少なくとも本論で述べてきた意味において，PAと整合的に実施されなければならない。つまり，科学的に不確実な状況下においても資源が崩壊しない意思決定の確保が求められており，その具体的要請としてUNFSA等では，予防的な基準値制度の活用を求めている。そして日本のTAC制度も，国際法規範のこうした動態的な発展に対応していくことが求められており，国

---

[91] なお，NPFC条約もPAの採用を当事国に求めている（3条c）。

内平面における意思決定のあり方が問われている。しかし，従来のTAC法の下では，UNFSA等が定めるような基準値制度は導入されておらず，また本稿でいうPAの中核的な指針が，EEZにおける資源管理に関する意思決定を一貫して指針づけてきたとは言い難い。2018年改正漁業法の下で，よりPAに整合的な資源管理の制度化がさらに検討されるべきである。

　今日では，日本も当事国となっている少なからぬ漁業条約の下でPAが採用され，少なくとも漁業委員会等の国際平面の意思決定を規律しつつある。こうした漁業条約の大半については，国際的な漁業委員会で決定される保存管理措置（漁獲割当，漁具・漁区の制限等）の内容を反映するよう国内法令を改正すれば，多くの場合国内実施としては十分である。つまり，PAに基づく国際平面での意思決定の結果（保存管理措置）のみを国内法化すればよく，国内平面における意思決定のあり方自体の改定が法的に要求されることは，少なくとも漁獲の制限に関わる事項に関する限り，基本的には考えにくい。これに対して，UNCLOS61条の国内実施の場合は国内の意思決定のあり方自体が直接問われるのであり，その意味で独自の課題を我が国の漁業法制に提起しているといえる。

　国際漁業分野に限らず，PAが国際的に提唱され始めた当初から問題視されてきたのは，その内容の曖昧さである。そのことを理由に，PAの採用は，海洋生物資源をめぐる国際紛争の防止や処理に寄与しえないといった痛烈な批判もみられた[92]。また，そのような曖昧さを背景に，PAがラディカルな規制の根拠となるのではないかとの危惧もみられた。日本の法令において，PAの明文化が慎重に回避されている根本的な理由も，おそらくはこうした点にあるのではないかと推測される。だがその一方，世界的な海洋生物資源の減少傾向や，生態系や生物多様性の保全といった新たな国際的価値の承認をふまえると，MSY等の伝統的概念やTAC等の従前の管理手法にただ単に依拠するだけでは，今日の国際社会の共通利益の実現が困難だとの認識が強まっていることもまた事実である。そして，そのような問題意識を背景に，PAは新たな規制概念として提唱され，少なくともその中核的な指針は今日では国際的に広く受容されており，PA＝禁漁といった危惧の払拭を図りつつ，個別具体的な問題領域でいかにその実施を図るかが課題となっている。こうした点に鑑みると，国

---

[92] Kanehara, *supra*（n. 12）p. 13.

際漁業分野におけるPAのさらなる発展をむしろ主導していくことは，日本近海の資源保存という国益にかないうるだけではなく，漁業大国或いは魚消費大国たる日本が国際社会に対して果たすべき責任だとすらいえるのではないだろうか[93]。61条の国内実施が，そうした役割を果たす契機を内包していることにも十分留意しつつ，我が国の資源管理が，「生きた文書（living instrument）」[94]とも評されるUNCLOSの義務を的確に実施するものだといえるかどうか，今後も引き続き真摯な検討がなされるべきである[95]。

---

[93] なお，平成25年6月18日参議院外交防衛委員会で岸田外務大臣は，NPFC条約が定めるPAに対する所見を求められ，「我が国としましては，この条約の内容をふまえつつ，漁業資源の長期的な保存及持続的な利用の確保に向けて，こうした手法を国際社会においてしかるべく周知徹底させていきたい」と答弁している。同委員会議事録を参照。

わが国にとって少しでも不利のない国際規範を形成していくためにも，主導的な役割を果たしていくべきであろう。

[94] この点に包括的な検討を加えたものとして，例えばJ. Barret and R. Barnes, *UNCLOS as a Living Treaty* (2016).

[95] 言うまでもなく，TAC制度の下での海洋生物資源の持続的利用の実現のためには，漁獲量の正確な把握，ABCの算定の基礎となる科学的調査・知見の充実，漁業者間での漁獲可能量の衡平な配分，不遵守への効果的な対応，他国のEEZとの跨り資源や暫定水域の資源に対する効果的な管理の確立等，多くの課題があり別途検討を要する。

この点につき，国際社会で集積されつつある漁業管理に関するベスト・プラクティスは，日本のEEZ資源の管理の改善にとっても参考になるところがあるかもしれない。その一方，PAとの整合性が求められるとしても，61条はその実施について依然として少なからぬ裁量を国家に与えており，日本の漁業実態や制度的基盤等も可能な限りふまえた，新たな「日本型TAC制度」を模索する余地はある。

第2章
生態系アプローチに関する国際規範の発展と日本の国内実施

大久保彩子

I　はじめに

　近年，生物資源の利用に際して生じる生態系への悪影響を抑制または軽減するために必要な一連の措置を講じることの重要性が国際的に広く認識されている。その基本理念や原則は，生態系アプローチ（Ecosystem Approach）として，人間活動の管理の過程における関係者間の利害調整などの社会経済的側面をも含む包括的で統合的な管理の指針という性格を付与されながら発展してきた[1][2]。

　本稿は，この生態系アプローチに焦点を当て，本書の問題意識，すなわち「生態系に配慮した持続可能な漁業の実現に照らして，日本の国内法・政策のあり方は何か構造的な問題を抱えているのだろうか，という疑問」（本書序章，児矢野論文）に答えることである。そのために，本稿では，国際条約や行動規範等の国際文書における記述をもとに，生態系に配慮した海洋生物資源管理とは，いかなる理念を掲げ，またいかなる行動を通じて実現されるべきものなのか，という意味での国際規範の形成と発展の動向を整理したうえで，そうした規範

---

[1]　なお同様の考え方を示すものとして，生態系管理（Ecosystem Management），生態系に基づく漁業管理（Ecosystem-based Fisheries Management），漁業への生態系アプローチ（Ecosystem Approach to Fisheries）などの用語が複数の国際文書や各国の政策文書等において用いられているが，本稿では，こうした類似の概念についても生態系アプローチの範疇として捉えることとする。

[2]　Trouwborst, A (2009) The Precautionary Principle and the Ecosystem Approach in International Law: Differences, Similarities and Linkages. RECIEL 18 (1), 26–37.

[第Ⅰ部 論考]

の内容が日本の海洋生物資源管理に関する主要な国内法・政策においてどのように受けとめられ，実施されてきたのかを検討する。

Ⅱ　先行研究と本稿の分析視角

1　先行研究

　牧野（2012, 2013）は，生物多様性条約のもとで定義された生態系アプローチの12原則に照らして日本の漁業管理制度を評価し，地域の資源利用者による分権的・自治的管理や順応的管理，経済的文脈に基づいた資源利用などの点で制度的長所を有すると結論付ける一方，生態系の視点の導入や適切な海洋保護区の活用については課題として整理している[3]。また，渡辺（2006）は，日本の水産基本法（2001年施行）はFAO責任ある漁業のための行動規範（1995年採択）第6条に盛り込まれた一般原則に概ね沿っていると評価しつつも，同行動規範第6条第2項に掲げられた，漁獲対象種の関連種・依存種および同じ生態系に属する種の保全に関しては，水産基本法における記述は明確ではないことを指摘している[4]。同論文はまた，日本の伝統的な漁業管理は漁業共同体による自主規制や漁業者の知見の活用などの点で「責任ある漁業」の実践例であるとしている。

　こうした先行研究は，漁業管理における生態系アプローチの国内実施について，意思決定への利害関係者の参加や分権的管理などの側面に着目して評価している。これらは確かに，生態系アプローチの一側面を扱ってはいるものの，「漁業をはじめとする人間活動が海洋生態系に対して及ぼしうる悪影響をいかに軽減するか」という，生態系アプローチの重要な側面に関しては踏み込んだ分析を行っておらず，概括的な記述にとどまっている。そこで本稿では，生態系アプローチが内包する様々な諸原則のうち，特に「生態系の構造と機能への

---

(3)　牧野光琢「我が国の漁業管理の制度・経済分析と生態系保全への拡張」，平成24年度（第11回）日本農学進歩賞受賞講演要旨（2012年，http://www.nougaku.jp/award/2012/9-makino.pdf）（閲覧日：2019年6月2日），牧野光琢『日本漁業の制度分析：漁業管理と生態系保全』（恒星社厚生閣，2013年）第10章。

(4)　渡辺浩幹「FAO責任ある漁業のための行動規範の適用の現状 ―― 国際的な取り組みと日本の事例」漁業経済学会ディスカッション・ペーパー第2巻（2006年，http://www.gyokei.sakura.ne.jp/D.P/Vol2/No2%205.pdf）（閲覧日：2019年6月2日）。

配慮」に着目して，国際的な海洋生物資源管理の枠組みにおいて提唱されてきた生態系アプローチの諸原則，および，実際に講じられてきた管理措置を参照点としながら分析を行うことで，生態系アプローチの国内における実施の現状をより具体的に理解することを目指す。

2　本稿の分析視角

生態系アプローチは様々な国際文書において，多様な原則を内包するものとして定義されてきたため，本稿ではそうした諸原則を以下の4つに分類し，これらを便宜上，「生態系アプローチの構成要素」と呼ぶ：①生態系の構造と機能への配慮（人間活動が生態系の構造や機能に及ぼす悪影響の軽減のための対応），②知見の現状に対応した管理（不確実性に対応するための予防的アプローチ，順応的管理など），③多様な人間活動の統合的管理，④良きガバナンスの確保（意思決定における当事者の参加や分権化などの社会経済的側面に関する諸原則）。本稿ではまず，生態系の概念の登場と政策への導入の経緯について述べたうえで，生態系アプローチの構成要素のうち特に①の「生態系の構造と機能への配慮」に焦点を絞り，海洋生物資源管理に関わる主要な国際文書における記述をもとに国際規範の発展動向を把握する。そのうえで，日本の主要な国内法・政策において，1）生態系の構造と機能への配慮に関わる理念や原則をどのように記述しているか，2）生態系の構造と機能への配慮を実現するための管理措置・手法（例えば，依存種に配慮した漁獲枠の算定，混獲・投棄対策，混獲回避装置の導入，混獲物の投棄禁止，海洋保護区の設定など）の採用についてどのように規定しているか，を分析する。

主な分析対象は，日本の水産政策の基本理念と施策について定めた水産基本法（2001年），同法の規定にもとづき策定された水産基本計画（2002年，2007年，2012年，2017年），広域資源に関する資源回復計画（2011年まで），資源管理の方針と具体的管理方策を定めた資源管理指針（2011年～）である。また，漁業を含む海洋に関する多様な人間活動を総合的視点から管理することを目指す海洋基本法（2007年）および海洋基本計画（2008年，2013年，2018年），海洋生態系の保全との関わりが深い海洋生物多様性保全戦略（2011年），沿岸域の水産資源の生育環境の維持回復を目指した藻場・干潟ビジョン（2016年）についても検討する。

[第Ⅰ部 論考]

Ⅲ 生態系アプローチに関する国際規範の発展[5]

1 生態系概念の登場と政策への導入

(1) 生態系と生態系アプローチ

　生態系（ecosystem）は，様々な規模で把握されるひとまとまりの環境において，相互に影響しあう生物および非生物的要素の双方を含むシステムを指す概念として英国の植物学者 Tansley により最初に定義された[6]。その後，同概念については「特徴的な栄養構造と物質循環，ある程度の内部的均一性，および認識可能な境界を有する，物理的・生物学的な機構の機能的単位」（Odum 1969）[7]，「ある領域を占有する，すべての相互に作用する植物，動物，微生物群とそれらの物理的環境」（Hunter 1990）[8]，「森林や湖など特定の環境に生息している生きもの全てと，それらの環境の物理的基盤から構成される」（Wilson 1992）[9]など，より具体的な定義が示されてきた[10]。

　生態系の概念は，生態学を中心とする学問分野に広く採用されると同時に，生物資源管理においても考慮すべき要素として広く認識されるようになる。水産資源学においては，1960年代以降，個々の漁獲対象種に注目したそれまで

---

(5) 本節の内容は主に以下の拙著に依拠しつつ，加筆修正したものである：大久保彩子「海洋生物資源管理における生態系アプローチ適用の国際比較と日本への政策的含意」，海洋政策研究第7号（2009年）1-19頁；大久保彩子「南極の海洋生物資源の保存に関する委員会（CCAMLR）における生態系アプローチの適用」環境科学会誌第23巻2号（2010年）126-137頁。

(6) Tansley AG (1935) The Use and Abuse of Vegetational Concepts and Terms. Ecology, 16(3), 284-307. なお, ecosystem という用語自体は Tansley の同僚である Clapham が提案したとされる。Willis AJ (1997) The ecosystem: an evolving concept viewed historically. Functional Ecology 11(2), 268-271.

(7) Odum EP (1969) The Strategy of Ecosystem Development. Science, 167 (3877), 262-270.

(8) Hunter M (1990) Wildlife, Forests, and Forestry: Principles of Managing Forests for Biological Diversity. PrenticeHall Career & Technology.

(9) Wilson EO (1992) The Diversity of Life. Harvard University Press. （邦訳：大貫昌子，牧野俊一訳（2004）生命の多様性．岩波書店．）

(10) McIntosh RP (1985) The background of ecology: Concept and theory. Cambridge University Press. （邦訳：大串隆之・井上弘・曽田貞滋訳（1989）生態学：概念と理論の歴史．思索社．）

の研究に加え、複数の生物種間の関係、さらに生態系全体へと研究対象が拡大されていった。1974年から1975年には、WWFが米国生態学会、スミソニアン協会、IUCNの参加も得て、最新の科学的知見に基づき野生生物資源の管理を改善するための勧告を策定することを目的に、一連のワークショップを開催した[11]。これらのワークショップでの議論に立脚して、当時FAOに所属していた漁業資源学者のHoltと米国大統領府環境問題諮問委員会の上席科学顧問であったTalbotは、生物資源の利用に際して従うべき「野生生物資源の保全のための新たな原則」を提示した[12]。その内容を以下に示す。

【野生生物資源の保全のための新たな原則（Holt & Talbot 1978）】
①生態系は、(a)その消費的・非消費的価値を継続的に最大化し、(b)現在および将来における選択肢を確保し、(c)利用の結果生じる不可逆的変化や長期的な悪影響のリスクを最小化しうるような、望ましい状態に維持されるべきである。
②管理の決定は、知見が限られており制度が不完全であるという事実を許容するための安全係数を含むべきである。
③野生生物資源の保全措置は、他の資源を浪費しないように策定・適用されるべきである。
④野生生物資源の利用計画や実際の利用にあたっては、事前に調査やモニタリング、分析、評価を行うべきであり、その結果はパブリック・レビューのために迅速に開示されるべきである。

この「新たな原則」は生態系に基づく生物資源の管理に関して、初めて公式な形で示された一連の諸原則であり[13]、第3次国連海洋法会議における条約テキストの起草過程において参照されたことで国際的に認識されるようになった[14]。その後、様々な国際文書に生態系に関する記述が盛り込まれるようになり、また、生物資源の管理において適用されるべき生態系アプローチの諸原則が多様

---

[11] Forst MF (2009) The convergence of Integrated Coastal Zone Management and the ecosystems approach. Ocean and Coastal Management 52, 294-306.
[12] Holt SJ and Talbot LM (1978) New Principles for the Conservation of Wild Living Resources. Wildlife Monograph 59, 5-33.
[13] Forst (2009)・前掲註[11]
[14] Long RD, Charles A, Stephenson RL (2015) Key principles of marine ecosystem-based management. Marine Policy 57, 53-60.

[第Ⅰ部 論考]

な形で定義されていく。

(2) 国・地域レベルの資源管理政策における生態系概念の導入

ここで，国・地域レベルの政策への生態系の概念の導入について，少数の事例ではあるが，理念および具体的な管理措置の双方に着目しながら概観しておきたい。

生態系の概念を生物資源管理に関する国内法に導入する初期の動きは，米国の森林管理政策にみることができる。1976年の米国国有林管理法は，森林管理計画において木材生産だけでなく，水源，魚類，野生生物，土壌その他の価値の考慮を求めるとともに，管理計画の策定手続きに大幅な住民参加を盛り込んだ[15]。ここで，生態系の概念が政策に導入された初期の段階において，利用対象資源（木材）の管理に際して，生態系を構成する生物的要素（魚類，野生生物）および物理的環境（水源，土壌）への配慮のみならず，管理計画の策定における住民参加が求められたことは，のちに生態系アプローチが意思決定への当事者の参加や公平性といったガバナンスの側面を含む形で発展していくことになる背景として，留意すべきであろう。

海洋生物資源管理に関する国内法・政策への生態系概念の導入の状況に目を向けると，オーストラリアでは1991年の漁業管理法において，漁業資源の開発と関連するあらゆる活動を，予防原則を含む生態学的に持続可能な開発の原則に沿ったものとすることが目的に掲げられ，漁獲対象種以外の生物種の偶発的な混獲を最小限に抑えることなどが規定された。また1999年の環境保護・生物多様性保全法（Environment Protection and Biodiversity Conservation Act, 以下 EBFM 法）は，輸出を伴う漁業に対し，漁獲対象種，混獲種，絶滅危惧種，生息地などへの生態学的リスクの評価を義務付けた。2005年の大臣指令では，オーストラリア漁業管理局（Australian Fisheries Management Authority, AFMA）に対し，乱獲の停止および回避，悪化した資源の回復，漁業が環境に及ぼすより幅広い影響の管理を指示した[16]。2007年には，環境・水資源省が，生態学的に持続可能な漁業管理の指針を策定した[17]。こうした法制度や指針の

---

[15] 畠山武道・柿澤宏昭『生物多様性保全と環境政策——先進国の政策と事例に学ぶ』（北海道大学出版会，2006年）。

[16] Australian Fisheries Management Authority (2008) AFMA's Program for Addressing Bycatch and Discarding in Commonwealth Fisheries: an Implementation Strategy.

もと，同国では，漁業が海洋生態系に及ぼす生態学的リスクの評価，混獲種への影響に関する情報収集と混獲・投棄の最小化のインセンティブ措置を含む混獲行動計画の策定と実施，EBFM法により指定された保護種（海洋哺乳類，ウミガメ類，海鳥類など）の偶発的捕獲を防ぐ装置や漁網の開発・利用などの対策が講じられている。

　米国では，マグナソン・スティーブンス漁業保存管理法を改正する1996年の持続可能な漁業法の検討過程において，漁業管理を改善するために生態系に基づくアプローチが有用であることが認識された[18]。1998年には，同法の規定により招集された専門家パネルが議会に報告書を提出し，そのなかで生態系に基づく漁業管理の実現に向けた原則を提示するとともに，国内の8つの管理海域ごとに設置されている地域漁業管理理事会が，単一種または複数の魚種を対象とした既存の漁業管理計画を引き続き活用しつつ，生態系アプローチを取り入れた包括的な漁業生態系計画を策定すべきであるとした。これを受けて地域漁業管理理事会により導入された具体的な管理措置の例としては，予防的かつ保全的な漁獲枠の設定，漁獲物の投棄の規制，非漁獲対象種の偶発的捕獲の上限設定，海洋保護区の設定などが挙げられる[19]。

　欧州では，1997年，EU加盟国とノルウェーの漁業および環境大臣による閣僚級調整会合にて採択された声明において，両政策分野における保全管理措置が生態系の構造や機能に即した形で行われるよう，また，生態系の化学的・物理的・生物学的環境および生態系の構成要素間の相互作用を高い水準で保全するためにも，生態系アプローチを構築し適用することが提案された[20]。EUでは，2001年に欧州委員会が「共通漁業政策の将来に関するグリーンペーパー」において生態系を重視した管理を提案し，これを受けて，2002年の共通漁業政策の改定では，水生生物資源の保護のために予防的アプローチをとること，漁業が海洋生態系に及ぼす影響を最小化すること，生態系に基づく漁業管理を

---

[17]　Australian Government, Department of the Environment and Water Resources (2007) Guidelines for the Ecologically Sustainable Management of Fisheries-2007

[18]　Field JC and Francis RC (2006) Considering ecosystem-based fisheries management in the California Current. Marine Policy 30, 552–569.

[19]　Witherell D et al (2000) An ecosystem-based approach for Alaska ground fisheries. ICES Journal of Marine Science, 57, 771–777.

[20]　Parsons S (2005) Ecosystem Considerations in Fisheries Management: Theory and Practice. International Journal of Marine and Coastal Law, 20 (3-4), 381–421.

[第Ⅰ部 論考]

目指すことなどが明示された。より具体的な措置としては，複数年次にわたる資源の管理および回復計画のほか，海洋哺乳類や海鳥，ウミガメ，稚魚および脆弱な魚類資源の保全のための混獲防止や投棄対策，破壊的な漁法の撲滅による敏感な生息地の保全などが盛り込まれた。

以上はごく限られた事例ではあるものの，各事例の間には，生態系に配慮した海洋生物資源管理を実現するために，予防的アプローチ，漁獲物の投棄対策，混獲対策，海洋保護区や生息地保全などの空間ベースの管理措置などを組み合わせるという，ある程度の共通性を見いだすことができるだろう。

2　国際規範としての生態系アプローチ──国際文書における記述から

(1) 南極の海洋生物資源の保存に関する条約

南極の海洋生物資源の保存に関する条約（1980年採択）は，生態系アプローチを最初に採用した国際条約の一つとされている[21]。同条約は第2条（目的）において，漁獲対象にならない生物資源についても維持回復を図ること，さらに，資源の間の生態学的な関係を維持することを明示している。また，漁業活動その他の人間活動や科学的知見の不確実性に対応しつつ，海洋生態系の復元が20年から30年にわたり不可能となる危険性を最小化することとしている。

同条約の実施機関として設置された南極の海洋生物資源の保存に関する委員会（Commission for the Conservation of Antarctic Marine Living Resources, CCAMLR）が採択してきた一連の管理措置は，海洋生物資源の管理における生態系アプローチのベストプラクティスとして評価されている[22]。生態系の構造と機能への配慮に関しては，漁獲対象種の資源の維持回復のための保全的かつ予防的な漁獲枠の設定，漁獲枠算定における依存種（捕食者生物）の餌の確保，依存種の局地的な餌不足を回避するための小海区ごとの漁獲枠設定，非対象種の混獲の上限値の設定，非漁獲対象種の偶発的死亡の回避措置，漁業が海洋の物理的環境に及ぼす影響（海底剥離，混濁等）の回避，海洋保護区の設定

---

[21] Currie DEJ (2007) Ecosystem-Based Management in Multilateral Environmental Agreements: Progress towards Adopting the Ecosystem Approach in the International Management of Living Marine Resources. Available at: http://assets.panda.org/downloads/wwf_ecosystem_paper_final_wlogo.pdf（閲覧日：2019年6月20日）

[22] United Nations General Assembly (2006) Report on the work of the United Nations Open-ended Informal Consultative Process on Oceans and the Law of the Sea at its seventh meeting. A/61/156.

などの管理措置が採択・実施されてきた。CCAMLRにおける生態系アプローチの適用には，予防的な漁獲枠の設定や混獲対策，漁具規制や生息地の保全などの既存の管理手法を組み合わせることで，漁業が海洋生態系に対して及ぼす影響を最小化しようとする現実的な管理のあり方を見いだすことができる[23]。

(2) 国連海洋法条約および公海漁業実施協定

国連海洋法条約（1982年採択）は，「海洋の諸問題が相互に密接な関連を有し及び全体として検討される必要があることを認識し（前文）」として，海洋に関わる多様な人間活動を統合的に管理することの必要性を強調したうえで，海洋生物資源の管理にあたっては，資源間の相互依存関係や，漁獲対象種に関連または依存する種への影響などを考慮することを求めている（第61条および119条）。資源が維持・回復されるべき水準は，漁獲対象種については最大持続生産量を実現する水準，関連種・依存種については，その再生産が脅威にさらされない水準である。国連海洋法条約のもとで採択された公海漁業実施協定（1995年採択）では，「海洋環境に対する悪影響を回避し，生物の多様性を保全し，海洋生態系を本来のままの状態において維持し，及び漁獲操業が長期の又は回復不可能な影響を及ぼす危険性を最小限にする必要性を意識し」（前文），第5条（一般原則）において，漁獲対象種および同一の生態系に属する種，関連種・依存種への影響を評価し，その水準を維持・回復すること，汚染や漁獲物の混獲・投棄を最小限にすること，海洋環境における生物多様性を保全することが規定されている（第5条(d)～(g)）。

2006年に開催された国連公海漁業実施協定のレビュー会合では，協定の実施には，特に漁業への予防的アプローチと生態系アプローチの適用という点で残された課題が多いとの合意がなされ，各国に対し，生態系アプローチの理解の促進，漁獲対象種の関連種・依存種の保全，生息地の保護などのコミットメントの強化が勧告された[24]。

(3) FAO責任ある漁業のための行動規範，レイキャビク宣言 ほか

FAOでは，1980年代半ば以降，漁業に関する行動規範や指針に生態系の概念が取り入れられてきた。1984年に漁業管理と開発に関するFAO世界会議で採択された，漁業管理と開発のための戦略は，漁業資源の変動と環境要素と

---

[23] CCAMLRにおける生態系アプローチ適用の詳細に関しては，大久保（2010）・前掲注(5)を参照。

[24] Currie（2007）・前掲注(21)。

[第Ⅰ部 論考]

の関係をよりよく理解し，単一種管理で得られた経験を用いながらも，管理の焦点を全体としての生態系に向けていくべきであるとした[25]。

1995年のFAO総会で採択された責任ある漁業のための行動規範は，生態系と生物多様性を維持しながら水生生物資源の効果的な保全，管理，開発を確保するための行動基準を設定した。同行動規範では，資源の利用者は生態系を保全すべきであり，漁獲の権利は資源の効果的な保全管理のための責任ある行動の義務と一体であること，漁業資源の維持は，食料安全保障，貧困削減，持続可能な開発の文脈において促進されるべきことなどを明記するとともに，小規模漁業が雇用・所得と食料安全保障にもたらす貢献の重要性を強調している。生態系の構造と機能への配慮に関しては，資源の長期的な保存と持続的利用のための措置を採択すべきこと，乱獲および過剰漁獲能力を防止すべきこと，生態系および生息地の多様性が保存されるべきこと，選択性を有する漁法の開発・適用などにより浪費・投棄や非漁獲対象種の捕獲を最小にすべきこと，関連・依存種および環境への影響を最小にすべきことなどが掲げられている。

2001年にFAOがアイスランド・ノルウェー両政府との共同で開催した「海洋生態系における責任ある漁業に関するレイキャビク会議」では，漁業管理における生態系の考慮がより明示的に呼びかけられた。同会議にて採択されたレイキャビク宣言は，持続可能な漁業管理のためには，漁業が生態系に及ぼす影響と生態系が漁業に及ぼす影響の双方を考慮する必要があるとして，責任ある漁業と海洋生態系の持続可能な利用を奨励するインセンティブ措置を伴う管理計画，漁業以外の人間活動の悪影響を防止するための他部門との協力，科学研究と技術開発の促進，養殖と漁業との相互作用のモニタリング，国際協力と技術移転の促進などを明示した。

レイキャビク宣言を受け，2003年には，漁業への生態系アプローチ（Ecosystem Approach to Fisheries, EAF）に関する技術指針が策定された。同指針では，EAFは生態系の構成要素とその相互作用に関する知見と不確実性を考慮し，生態学的な境界を設定し，漁業に統合的なアプローチを適用することで多様な社会の目的のバランスをとる取組として定義され，EAFの実施に必要な研究と情報，管理措置とプロセスについて詳細に記述されている。また2006年には，「漁業への生態系アプローチ実施に関するベルゲン会議」が開催され，生

---

[25] Kaye SM (2001) International Fisheries Management. Kluwer Law International.

態系アプローチの概念や管理措置の現状と課題に関する議論が行われた[26]。

(4) 生物多様性条約（締約国会議決議）

生物多様性条約（1992年採択）第2回締約国会議（1995年）にて採択された海洋・沿岸の生物多様性の保全と持続可能な利用に関する決議は，個々の種に着目した従来のアプローチを生態系を重視したアプローチに拡大し，分野横断的な科学研究を通した生態系プロセスのモデルを開発し，持続可能な管理措置に応用すべきとした。さらに，第5回締約国会議（2000年）決議V/6では，以下のような生態系アプローチの原則と運用指針が示された。

【生態系アプローチの原則と運用指針（生物多様性COP5決議V/6, 2000年）】
（原則）
①管理目的は社会的選択の問題である。
②管理は，適切な最も低い段階に分権化されるべきである。
③管理者は，活動が周辺や他の生態系に及ぼす影響を考慮すべきである。
④管理により得られる利益を認識しながら，経済的な文脈のなかで生態系を理解し管理するべきである。
⑤生態系サービスを維持するため，生態系の構造と機能の保全を生態系アプローチの優先的目標とすべきである。
⑥生態系は，その機能の範囲内において管理されるべきである。
⑦生態系アプローチは，適切な空間的・時間的スケールで実施されるべきである。
⑧生態系管理の目的は長期的に設定されるべきである。
⑨管理は，変化が不可避であることを認識しなければならない。
⑩生態系アプローチは，生物多様性の保全と利用の適切なバランスと統合を模索すべきである。
⑪生態系アプローチは，科学的情報，地域固有の知見，発明や慣行など，あらゆる関連情報を考慮すべきである。
⑫生態系アプローチは，社会と科学の分野のあらゆる関係者を巻き込むべきである。

（運用指針）
①生態系内の機能的な関係とプロセスへの注目
②利益共有の強化
③順応的管理
④適切な最も低い段階への分権と，問題対処に適切なスケールでの管理
⑤部門間の協力

同決議は，生態系アプローチは資源の統合的な管理のための戦略であり，生物

[第Ⅰ部 論考]

および環境の間の相互作用に着目した科学的な方法論に基づくこと，人間も生態系の一部と捉えられること，不確実性に対処するために順応的な管理が必要であること，既存の制度や政策の統合を図ることなどが挙げられた。以後，同決議は，国際的に認識された生態系アプローチの内容を示すものとしてしばしば引用されることになるが，ここで，生態系の構造や機能への配慮のみならず，管理目的の社会的選択，分権化や関係者の参加，経済的文脈といった社会経済的な側面が生態系アプローチの諸原則として明示的に位置付けられていることに注意が必要である。

(5) 持続可能な開発に関する国際行動計画（アジェンダ21，WSSD 行動計画）

1992年の国連環境開発会議にて採択されたアジェンダ21では，第17章C（海洋生物資源の持続可能な利用と保全）において，環境・経済的要素と複数の生物種間の関係を考慮して，海洋生物種を最大持続生産量が得られる水準に維持・回復すべきことや，漁獲対象種の浪費や非対象種の混獲を最小化する漁法の確立，漁業活動の監視，絶滅危惧種の保護・回復，生態学的に敏感な海域や生息地の保存などが明示された。また2002年の持続可能な開発に関する世界首脳会議（WSSD）実施計画では，全般にわたって生態系の維持・保全が強調されている。また，海洋の持続可能な開発に必要な行動の一つとして，責任ある漁業に関するレイキャビク宣言および生物多様性条約締約国会議の決議に留意し，2010年までに生態系アプローチの適用を奨励することが盛り込まれた。

Ⅳ　日本における生態系アプローチに関する国際規範の国内実施

ここでは，上記のように様々な国際文書において示されてきた生態系アプローチのあり方のうち，特に生態系の構造と機能への配慮に関する理念および管理措置が，海洋生物資源管理に関する日本の主要な国内法・政策において，どのように受けとめられ，実施されてきたのかを検討する。

1　水産基本法，水産基本計画

水産基本法は，沿岸漁業振興法（1963年）に代わって日本の水産政策の基本

[26] Report of the Bergen Conference on Implementing the Ecosystem Approach to Fisheries. 26-28 September 2006. 〈http://www.fao.org/tempref/FI/DOCUMENT/reykjavik/2006/CIEAF_Conference_Report_230207.pdf〉（閲覧日：2019年1月14日）

理念や施策の方向性を定めるものとして制定された。国際海洋秩序の転換，国連海洋法条約の批准，国際漁場の規制強化と水産物の輸入の急増，漁業者の高齢化などの状況変化に対応するための新たな枠組みの構築が必要との認識から，1997年には水産庁長官主催の懇談会として設置された水産基本政策検討会において「200海里時代に即応した水産基本政策のあり方」が検討され，1999年には「水産基本政策大綱」がとりまとめられ，それらも踏まえた形で2001年に水産基本法が制定されるに至った[27]。沿岸漁業振興法のもとでは，水産資源は比較的良好な状態にあることを前提に，主に沿岸漁業・中小漁業を対象に漁業の振興や従事者の地位向上を目指した施策が講じられてきたが，水産基本法のもとではそうした政策目標の転換が図られ，漁業・加工・流通の各部門を含む水産業全体を対象に，水産資源の持続的利用の確保，水産業の健全な発展，国民への水産物の安定供給を図ることとされた[28]。

　生態系の構造と機能への配慮という視点がみてとれる規定としては，水産基本法は，「総則」において「水産物の供給に当たっては，水産資源が生態系の構成要素であり，限りあるものであることにかんがみ，その持続可能な利用を確保するため，海洋法に関する国際連合条約の的確な実施を旨として，適切な保存管理が行われるとともに，環境との調和に配慮しつつ，水産動植物の増殖及び養殖が推進されなければならない」（第二条2）とし，「水産物の安定供給の確保に関する施策」には，水産資源の適切な保存及び管理（第十三条），環境との調和に配慮した種苗生産や放流，養殖漁場の改善の推進（第十六条），水産動植物の生育環境の保全及び改善のための水質の保全，繁殖地や森林の保護及び整備（第十七条）が盛り込まれているほか，「水産業の健全な発展に関する施策」には，環境負荷の低減と資源の有効利用の確保に配慮した水産加工業・流通業の事業基盤の強化や合理化（第二十五条），環境との調和に配慮した形での漁港・漁場その他の水産業の基盤の整備（第二十六条）が含まれている。こうした記述から，生態系の構造と機能への配慮は日本の水産政策の基本理念のひとつに位置付けられているといえよう。

　水産基本計画は，水産基本法第十一条の規定にもとづいて，これまで4次

---

[27]　今井敏「水産基本法の制定について」日本水産学会誌68巻2号（2002年）219-226頁。
[28]　「水産基本法の目指すもの」水産庁〈http://www.jfa.maff.go.jp/j/policy/kihon_keikaku/aramasi/pdf/mezasu.pdf〉（閲覧日：2018年8月20日）。

[第Ⅰ部 論考]

にわたり策定されてきた（2002年，2007年，2012年，2017年）。2002年の水産基本計画では，水産物の供給や水産業の発展の基盤となるのは海洋等の生態系の構成要素である水産資源であり，その特性を十分踏まえた利用を確保し，また資源の生育環境を良好な状態に保全・改善していくことが不可欠であるとしている。水産に関し総合的・計画的に講ずべき施策には，水産資源の適切な保存及び管理のための漁獲量・漁獲努力量の管理や資源回復計画の取組，水産資源の生育環境の保全を目的とした水質の保全，赤潮の予察・防除，藻場・干潟の保全，森・川・海を通じた川上から川下に至る幅広い環境保全という観点からの森林の保全（魚つき保安林の指定），資源管理措置を遵守して漁獲された水産物を消費者が識別できるようなエコラベリング・システムの導入の推進，といった項目が明記されている。同計画は，海だけでなく河川，森林を含めた広い視点での環境保全を掲げている一方で，非漁獲対象種の混獲の軽減や生物多様性への言及はなされていない。

　2007年の水産基本計画では，多くの水産資源の資源水準の悪化や磯焼け等による生育環境の悪化に対する懸念をより明確に示し，低位水準にとどまっている水産資源の回復・管理の推進を強調している。生態系の構造と機能への配慮に関しては，2002年の計画を踏襲し，藻場・干潟の維持および管理，環境・生態系と調和した増殖の推進などを講ずべき施策に位置付けている。森・川・海のつながりを通じた環境保全に関しては，魚つき保安林の指定と保全に加え，広葉樹林化などによる漁場保全の森づくりを推進するとしている。また，陸上からの水質への負荷軽減，適時適切なダム放流による栄養塩類の補給，漂流・漂着ゴミ対策などにも言及している。混獲に関しては，資源の合理的利用を図るため，経済価値の低い小型魚の漁獲や混獲を回避するための選択的漁具・漁法の開発・普及を推進することを明示し，資源管理に重点を置いた海外漁業協力の一環として混獲回避に関する技術導入を挙げている。野生生物による漁業被害防止対策の推進も講ずべき施策の一つとされており，野生生物が漁業の操業にもたらす損失を回避しようとする姿勢がうかがえる。また，水産業・漁村の多面的機能として，漁業者を中心とする環境・生態系保全活動の推進は，水質改善や生物多様性の保全を通じて国民全体に幅広くのメリットをもたらすとの認識を示している。

　2012年の水産基本計画では，生態系の構造と機能への配慮という点で，より具体的かつ踏み込んだ記述がなされている。講ずべき施策として，「多様な

海洋生物の共存下での漁業の発展の確保」を掲げ，藻場・干潟等の適切な管理，漂着物対策，大型クラゲ，トド等による漁業被害対策のほか，生物多様性に配慮した海洋生物資源の保存・管理の推進のための方策として，海鳥，ウミガメ等の混獲の影響評価や混獲回避技術の向上・普及，サメ類のトレーサビリティの強化や種別の管理，資源の保存管理手法の一つとしての海洋保護区の設定の適切な推進などが盛り込まれている。

　2017年の水産基本計画では，国や都道府県が策定する資源管理指針に従って，漁業者が自ら資源管理計画を策定し実施する場合に，資源管理・収入安定対策により漁業者の収入の安定を図り，資源管理を全国的に推進する体制が示された。漁場環境の保全と生態系のための施策としては，藻場・干潟等の保全・創造，サメ類の資源状況や漁獲状況の把握と完全利用および保存管理の推進，延縄漁業における海鳥混獲回避措置の評価と改善，ウミガメの混獲の実態把握と回避技術の開発・普及，有害生物や赤潮等による漁業被害防止対策の推進，産卵場の保護や資源回復手段としての海洋保護区の積極的活用，気候変動の影響への適応を盛り込んでいる。

　このように，漁業環境の保全はすべての水産基本計画において明記されており，日本の水産政策において漁獲対象種の資源が産生される「場」の保全に重点が置かれてきたことがわかる。一方で，生物多様性や非漁獲対象種の混獲回避技術に関する記述は2007年から，海洋保護区に関する記述は2012年から登場する。ただし非漁獲対象種の混獲技術の開発・普及についての記述はサメ類，ウミガメ類，海鳥類を対象としており，その他の生物種に関しては明確な対策は示されておらず，また，サメ類等を含めて混獲の上限に関する記述はない。また，漁業被害をもたらす野生生物の駆除や栄養塩類の補給など，漁獲対象種の生育を促し，また漁業操業時の損失を回避するべく，生態系を構成する生物・非生物的要素の双方に対して能動的に変更を加える姿勢もうかがえる。

2　海洋基本法，海洋基本計画

　海洋基本法は，海洋環境の汚染や水産資源の減少を含む，海にかかわる様々な諸問題に総合的な視点から対処していく必要があるとの認識のもと，海洋政策の基本理念および基本的施策，その推進体制を定めるものとして2007年に制定された[29]。同法は，海洋の生物多様性および環境の保全は人類の存続の基盤であるとして，海洋の開発・利用と海洋環境の保全との調和を基本理念の一

つに掲げており（第二条），海洋生物資源および海洋環境に関わる基本的施策としては，水産資源の保存及び管理，水産動植物の生育環境の保全及び改善，漁場の生産力の増進，海洋の生物多様性の確保，水質汚濁負荷の低減などを図るための措置を講じることとしている。

海洋基本計画は，海洋基本法第十六条にもとづき，海洋に関する施策の基本方針や講ずべき施策を定めるもので，海洋生物資源の管理および海洋環境の保全については概ね以下のような方針および施策が示されてきた。第1期海洋基本計画（2008年）では，水産資源の回復が基本方針の一つに含められ，講ずべき施策には，水産資源の管理措置の充実と取締りの強化，海洋保護区のあり方の明確化と設定，水環境の改善，漂流・漂着ゴミ対策などが盛り込まれた。第2期海洋基本計画（2013年）では，資源管理指針・資源管理計画等に基づく水産資源の管理の推進，漁村の活動の推進や漁場の生産力の増進，総合的な経営安定対策による漁業経営の体質強化，海洋保護区設定の推進が掲げられ，また，海洋環境の保全等の取組として，海洋の生物多様性の確保のために生態学的・生物学的に重要な海域を2013年度までに抽出すること，海洋保護区の設定の推進と管理の充実を図ることとされた。第3期海洋基本計画（2018年）では，水産資源の適切な管理のために資源調査の抜本的な拡充と漁業取締能力の強化を図ることや，水産業の成長産業化のための取組（所得向上，流通構造の改革，水産物輸出の促進，収益性の高い操業体制への転換，担い手の育成・確保など）が示された。また，海洋環境の保全の取組として，適切な海洋保護区の設定，海洋ゴミ対策やサンゴ礁の保全，高い生産性と生物多様性が維持されている「里海」の経験を活かした沿岸域の総合的管理を推進することなどが盛り込まれている。

3　海洋生物多様性保全戦略

海洋生物多様性保全戦略は，生物多様性基本法（2008年）および生物多様性国家戦略2010に基づき，生物多様性条約のもとで採択された国際的な目標や海洋基本法（2007年），海洋基本計画（2008年）を踏まえ，2011年3月に環境省が公表したものである。我が国の管轄権内の海域を対象とし，海洋生態系の構造と機能を支える生物多様性を保全し，生態系サービスを持続可能なかたち

---

(29)　「海洋基本法の概要」内閣府〈http://www8.cao.go.jp/ocean/policies/law/pdf/law_gaiyou.pdf〉（閲覧日：2019年1月14日）。

で利用することを目的に，基本的視点や施策を展開する方向性を提示している。

　漁業資源管理に関する施策の方向性としては，従来から全国的に展開されてきた公的・自主的な資源管理措置の継続的な実施，藻場・干潟を含む漁場環境の保全・再生・創造，持続可能な漁業と海洋の野生生物の保全との両立（漁業被害の軽減と生物の個体群維持），科学的根拠に基づく漁業資源の適切な保全と持続可能な利用など，先述した水産基本計画と類似した内容が多いものの，生態系保全，遺伝的多様性や非漁獲対象種への配慮に重きを置いた記述になっている。また漁業の生産構造の脆弱化が沿岸の環境管理の活動を後退させる側面もあり，漁業の再生は重要課題であるとしているが，これは水産基本計画にて明記された水産業・漁村の多面的機能の考え方を反映したものといえよう。

　また，本戦略の「海洋保護区に関する考え方の整理」は，生態系の構造と機能への配慮のための手法としての海洋保護区に関する国際的な認識と，日本における海洋保護区の定義の違いを明確に示している。すなわち，「…現在国際的に推奨されている海洋保護区とは，海洋の生物多様性や生態系の保全を主な目的として，明確な範囲を持った特定の海域において効果的に設定される保護区」であるとの認識を示しながらも，「生態系サービスの持続可能な利用は，生物多様性の保全と不可分であり，生物多様性の保全に資するものである。このため，いずれかの生態系サービスを持続可能なかたちで利用することを目的とする場合も海洋保護区のひとつといえる」（下線は筆者）として，海洋保護区を次のように定義している：「海洋生態系の健全な構造と機能を支える生物多様性の保全および生態系サービスの持続可能な利用を目的として，利用形態を考慮し，法律又はその他の効果的な手法により管理される明確に特定された区域」。

　こうした定義に従えば，生態系保全を主目的としていなくても，いずれかの生態系サービス，たとえば漁獲対象種のみの資源の維持や回復を目的とした既存の保護区も海洋保護区として捉えられることになる。本戦略は，そうした既存の保護区は，「国際的な文脈で推奨されている海洋保護区の動向に照らせば，保護を図る対象が限定的となっている場合もある」として，国際的な動向との間の相違があることを認めている。日本政府は，こうした定義に立脚し，日本の管轄権内の海域における海洋保護区の割合を約8.3％と試算しているが[30]，

---

(30)　環境省「我が国の海洋保護区の設定状況」，第1回　沖合域における海洋保護区の設定に向けた検討会，資料2-2，2018年6月20日。

[第Ⅰ部 論考]

その多くは水産対象種しか考慮しておらず，効果的な海洋保護区のためには，生物多様性の保全という観点から制度を再構築する必要があるとの指摘もなされている[31]。

4 資源回復計画，資源管理指針，藻場・干潟ビジョン

(1) 資源回復計画

資源回復計画は，長年の獲り過ぎにより状態が悪化している資源の回復に向けた目標を設定し，その実現のための具体的措置を定めたものである。ここでは，広域資源に関して国が策定した計画（18計画，公表：2002～2009年）の記述から，資源管理の実践において生態系の構造と機能への配慮のためにどのような管理措置が導入されてきたのかを大まかに把握する。

漁場の生産力の回復，水産資源の生育場の環境改善を目的とした措置は，18計画中12計画において記載されており，具体的には，藻場・干潟・浅場の造成，投石，覆砂，海底耕耘，削土・客土，海底清掃，堆積物の除去，残置漁具・ゴースト漁具の回収，漁具の流出防止，開発行為等の制限，植林活動などが挙げられる。なお，こうした漁場環境の保全に対しては，休漁漁船活用支援事業，水産基盤整備事業，日韓・日中新協定対策漁業振興財団による漁場環境維持管理事業（残地漁具の回収），各府県のクリーンアップ事業（海底清掃）などを通じた支援が講じられてきた。例えば，休漁漁船活用資源事業は，資源回復を目的とした漁獲努力量の削減のための休漁を行う漁業者に対し，経営安定への影響を緩和する措置として，海底清掃等の休漁期間中の漁船の活動に要する経費を助成するもので，財源は国，府県，漁業者がそれぞれ1/3を負担する。

混獲に関しては，漁業の形態に応じて，若齢魚の混獲を防ぐ漁具改良，小型ガニの混獲を防ぐための「脱出口付きかご」の導入，分離漁獲型底曳網の導入など，漁獲対象種の保護を目的とした対策が盛り込まれている。こうした対策には，資源回復計画推進支援事業として，漁具の改良や不要となる漁具の廃棄にかかる経費の助成がなされてきた。また，漁獲対象種の産卵・生育場の保護を目的とした保護区・操業禁止区域の設定も多くの計画に記載されているが，これらは漁獲対象とならない生物種や海洋環境への影響回避を目的として明示

---

[31] 日本自然保護協会（2012）「沿岸保全管理検討会提言．日本の海洋保護区のあり方 —— 生物多様性保全をすすめるために」https://www.nacsj.or.jp/archive/files/katsudo/wetland/pdf/20120517mpateigensyo.pdf（閲覧日：2018年8月22日）。

(2) 資源管理指針

2011年以降、国や都道府県が「資源管理指針」を作成し、同指針に沿って「資源管理計画」を作成・実施する関係漁業者に収入安定対策の支援をおこなう体制が全国の漁業を対象に導入された[32]。国が作成した「我が国の海洋生物資源の資源管理指針」では、多くの魚種の資源水準が低位にある要因として、海洋環境による影響、埋立等による産卵・育成の場となる藻場・干潟の減少、再生産力を上回る漁獲を挙げ、資源の維持・増大のために、漁場環境の保全はもとより、漁獲圧の低減や未成魚・産卵親魚の保護などの管理措置の機動的な実施が必要であるとしている。また、海洋生物種のCITES附属書掲載や2004年の国連決議（底魚漁業による海洋生態系への悪影響の防止）の動きについて、「操業条件に関して不安定な状況」との認識を示す一方で、日本が国際的な資源管理をリードしていくためにも地域漁業管理機関等で採択された管理措置の遵守を徹底し、自らの資源管理を強化していくことが重要であるとしている。

「資源管理指針・管理計画作成要領」（平成23年3月29日制定 水産庁長官通知）においては、漁場の整備（藻場干潟造成、海底耕耘、漁礁の造成、採藻漁業における雑草駆除等）は、「実施すべき自主的資源管理措置」のC類（漁獲努力量を制限するものではないが、資源の増大に資するものとして、水産庁長官が認めるもの）に位置付けられている。また、指針には、都道府県が行う種苗放流、藻場、干潟の造成、漁礁整備など資源の積極的増大策の推進や、各関係漁業者が休漁期間に種苗放流や漁場環境整備など資源の維持・増大のための取り組みに積極的に参加すべきことを記載することとしている。

(3) 藻場・干潟ビジョン

藻場・干潟ビジョンは、豊かな生態系を育む藻場・干潟が沿岸域の開発や水温上昇で減少・機能が低下していることを背景に、「生態系全体の生産力の底上げ」の根底をなす藻場・干潟の保全・創造対策を促進するための基本的な考え方をとりまとめたものである。

基本的な考え方として示されているのは、的確な衰退原因の把握、ハード・ソフト施策が一体となった広域的対策の実施、水産生物の生活史に対応した実効性ある対策、新たな知見や技術の導入、地域の漁業者等が自主的・持続的に

---

[32] 「資源管理指針・計画」水産庁〈http://www.jfa.maff.go.jp/form/kanri.html〉（閲覧日：2018年8月20日）。

取り組める体制の構築，全国的な情報共有，である。
　同ビジョンによれば，公共事業（石材やコンクリートブロック等の設置，砂地造成による嵩上げ，良質な砂の投入など）による整備が行われた面積は 2014 年度までに 2 万 5 千 ha を超え，また，漁業者や地域住民による活動としては，2015 年には 500 を超える活動組織が約 3.5 万 ha の藻場・干潟の保全活動を実施した。そうした事業および活動を支えるため，公共事業に関しては「沿岸漁業整備開発計画」(1976 年度〜)，「漁港漁場整備長期計画」(2002 年度〜)，「磯焼け対策緊急整備事業」(2007 年度〜)，漁業者や地域住民の活動に関しては「環境・生態系保全対策事業」(2009 年度〜)，「水産多面的機能発揮対策事業」(2013 年〜)などの事業が展開されてきた。また，技術開発と知見の普及をめざした「磯焼け対策ガイドライン」(2007 年, 2015 年)，「干潟生産力改善のためのガイドライン」(2008 年) のとりまとめや，「磯焼け対策全国協議会」の開催が実施されてきている。

V　考　察

　海洋生物資源の管理において生態系の保全が重要な位置を占めるという考え方は，言葉遣いの違いはあれ，水産基本法，水産基本計画，海洋基本法，海洋基本計画，海洋生物多様性保全戦略において理念の一つとして取り入れられているが，一方で，具体的な管理措置に目を向けると，漁場環境の保全への積極的な政策的取組とは対照的に，非漁獲対象種の保全や混獲軽減，投棄の最小化といった課題（これらは国際文書においては対応すべき課題としてしばしば記述されてきた項目である）に関しては踏み込んだは見られず，明示的な政策的位置付けが与えられていない，という特徴が見て取れる。
　森・川・海のつながりを踏まえた環境保全，藻場や干潟の回復や造成，残置漁具回収などを含む海洋ゴミ対策などの取組は，漁獲対象種の資源の再生産を促すという観点から，休漁漁船の収入安定対策などの財政的な支援や公共事業，技術的知見の共有などの方策とも組み合わせられた形で，全国的に推進されてきた。
　一方で，非漁獲対象種の混獲の回避・軽減に関しては，サメ類，海鳥類，ウミガメ類に関して混獲回避技術の開発・普及の取組がみられるものの，混獲の上限設定や混獲および投棄の最小化を求める規定や管理措置は導入されておら

ず，またそれ以外の非漁獲対象種に関する取組は，技術開発やその他の混獲対策，投棄対策も含め，ほとんど記述がみられない[33]。また，海洋保護区に関しては，国際的に推奨された国際保護区のあり方とは異なる定義を意識的に採用していることも特筆すべき点である。

　こうした日本における生態系アプローチの実施のあり方に対して，「生態系に配慮した持続可能な漁業」という理念の実現への貢献という観点からは，いかなる評価がなされるべきであろうか。漁場環境保全への積極的な取組は，その目的が，生態系や生物多様性の保全よりもむしろ漁獲対象種の資源の再生産を促すことであるとしても，良好な漁場環境が整備されれば結果として生態系の保全に貢献する可能性は高い。とはいえ，漁獲対象種を増やすことを第一義的な目的とした考え方は，国際文書にてしばしば記述されてきた，漁業が生態系にもたらす影響をいかに軽減しうるかという問題意識と全く同一とはいえないであろう。また，海洋生物資源に関する主要な国内法・政策において混獲および投棄の問題への対応がほとんどみられないことは，国際文書に記述された「生態系に配慮した持続可能な漁業」の実現に向けた原則および行動基準への対応としては不十分な点である。海洋保護区に関しては，当該海域の生態系の包括的な保全のための手段（ただし，全面的な海域の利用禁止を意味するものではない）として海洋保護区の位置付けにかんがみれば，漁獲対象種の再生産のみを目的とした海洋保護区の設定を可能とする日本の政策は，海洋保護区に関して国際的に広く受け入れられた規範との離齬をきたす状況を自ら作り出している。

---

[33] なお，低緯度海域においては高緯度海域に比べて漁獲物構成の多様性が高く，また，日本で広く行われている多魚種漁業における混獲投棄の実態は把握困難であることなど，日本における混獲・投棄対策の難しさは従来から指摘されているところでもある。松岡達郎「混獲・投棄魚問題の研究手法と資源保全への応用」月刊海洋30巻4号（1998年）193-197頁。

第3章

IUU 漁業対策としての寄港国措置
―― 日本における寄港国措置協定の実施に焦点をあてて ――

鶴 田　順

I　序 ―― IUU 漁業対策としての寄港国措置の位置付け

　寄港国措置とは，違法・無報告・無規制漁業（IUU 漁業）の防止，抑止および廃絶のための国際協力に基づく対策の一つとして，洋上で採捕した漁獲物を積載した外国船舶が寄港しようとする国あるいは寄港した国によって講じられる措置である。寄港国は，洋上で採捕した漁獲物を積載した外国船舶に対して入港前の段階で漁獲物等に関する情報の提供を求め，その情報をもとに船舶の寄港の可否，さらに漁獲物の陸揚げの可否等を判断する。各国がそのような措置を国際的に協力して講じることにより，各国の水産市場への IUU 漁業による漁獲物（IUU 漁獲物）の流入を防ぎ，その販路を絶ち，IUU 漁業に関与する主体の経済的インセンティブをひろく低下させる。

　IUU 漁業は，その性質上，IUU 漁業に従事した漁船の旗国，トン数や隻数，操業した海域や日数，用いられた漁具，機器類や漁法，漁獲された魚種，漁獲量，漁獲高や混獲の有無等，その実態を正確に把握することは困難であることから[1]，持続可能な漁業を実現するために設立された地域漁業管理機関（RFMOs）が対象魚種の資源量把握のために整備された統計資料の質を損ない

---

(1) IUU 漁業は，その性質上，その実態を正確に把握することは困難であるが，量的推計の試みは多数なされている。たとえば，気象衛星の観測データと AIS 情報を組み合わせた分析により，北西太平洋での中国籍 IUU 漁船による漁獲量を推計しようとする試みとして，cf. Oozeki Yoshioki, et al., 2018, Reliable estimation of IUU fishing catch amounts in the northwestern Pacific adjacent to the Japanese EEZ: Potential for usage of satellite remote sensing images, *Marine Policy*, Vol. 88, pp. 64-74.

[第Ⅰ部 論考]

(IUU 漁業は統計に反映されない), 当該統計資料の分析結果としての資源評価[2]に基づく「適正な漁獲量・漁獲枠の決定」という RFMOs による保存管理措置の有効性の低下を招く[3]。

　IUU 漁業の防止・抑止・廃絶のためには,「包括的で統合的なアプローチ」(2001 年 3 月に国連食糧農業機関 (FAO) 水産委員会 (Committee on Fisheries) (COFI) が合意した「IUU 漁業の防止, 抑止および廃絶のための国際行動計画 (International Plan of Action to Prevent, Deter and Eliminate Illegal, Unreported and Unregulated Fishing)」(IUU 漁業防止等国際行動計画)) が必要である。すなわち,「国は, 旗国としての主要な責任を果たし, 国際法に従った利用可能な管轄権を行使して, 寄港国の措置を含む, 沿岸国としての措置, 貿易関連措置, さらには自国民が IUU 漁業を支持しないまたは従事しないことを確保する措置を採用すべきである」(IUU 漁業防止等国際行動計画 9.3)。IUU 漁業の防止・抑止・廃絶のためには, IUU 漁業を行う船舶 (IUU 漁船) に船籍付与を認めている旗国による洋上での執行措置を含むさまざまな措置だけでなく[4], 領海や EEZ の沿岸国による保存管理措置, さらに IUU 漁獲物を積載した漁船が寄港し陸揚げし国内で流通する国による措置 (寄港国措置や市場国措置) が重要である[5]。

---

(2)　たとえば, 中西部太平洋まぐろ類委員会 (WCPFC) の資源評価は, 太平洋委員会科学部門に統計資料を集約して評価を行い, 当該評価に対して締約国から独立した立場にある科学者による分析等を加えて作成される。Cf. 小松正之『世界と日本の漁業管理』(成山堂書店, 2016 年) 108-109 頁。

(3)　Cf. Kao, Shih-Ming, 2015, "International Actions Against IUU Fishing and the Adoption of National Plans of Action", *Ocean Development & International Law*, Vo. 46(1), p. 3.

(4)　国連食糧農業機関 (FAO) は, 1993 年に「保存及び管理のための国際的措置の公海上の漁船による遵守を促進するための協定」(コンプライアンス協定) を採択した。コンプライアンス協定は, 締約国に対して, 自国籍漁船が国際的な保存管理措置の効果を損なう活動を行わないように管理する義務を課し, また過去に IUU 漁業に従事した船舶に対しては原則として公海漁業を許可しないことを命じることなどを規定して, 旗国の義務の強化を図った。

　また, 国連海洋法裁判所 (ITLOS) は, 2015 年 4 月 2 日の「西アフリカ地域漁業委員会 (Sub-Regional Fisheries Commission) により裁判所に付託された勧告的意見の要請」に対する勧告的意見において, 旗国は外国が EEZ の海洋生物資源の保存・管理のために制定した国内法令を自国籍漁船が遵守することを確保するために必要な措置をとる義務があり (para. 124 and 主文 3), 旗国は自国籍漁船が他国の EEZ において IUU 漁業を行わないように確保すべき「相当な注意」を払う義務がある (paras. 146 and 主文 4) と述べた。

いわゆる便宜置籍船によるIUU漁業が深刻な問題状況にあることをふまえると，IUU漁業に従事する・関与する船舶に船籍を付与している旗国（便宜置籍国）による措置を通じた問題状況の改善・克服に多くを期待することはできないからである。

　RFMOsや2009年11月にFAOで採択された「IUU漁業の防止，抑止および廃絶のための寄港国措置協定（Agreement on Port State Measures to Prevent, Deter and Eliminate Illegal, Unreported and Unregulated Fishing）」（PSMA）に基づく寄港国措置は，ある国のEEZ外の公海上でIUU漁業に従事する漁船に対する洋上での執行措置はIUU漁船の旗国しか行使することができず（IUU漁業の防止・抑止・廃絶についてIUU漁船の旗国は「第一義的な責任」（PSMAの前文）を有する），そもそもRFMOsの保存管理措置は非加盟国の漁船に対しては適用できないという限界を（RFMOsが保存管理措置を強化するのに伴い漁船の船籍を非加盟国に移す転籍（リ・フラッギング）問題が生じている），IUU漁船がIUU漁獲物の販路を求めて寄港しようとする国（寄港国）による自国領域内における執行権限の行使，すなわち，IUU漁船の入港拒否，IUU漁獲物の陸揚げ拒否や港湾サービスの利用拒否等によって克服しようとするものである。PSMAに基づく寄港国措置は，IUU漁業の防止・抑止・廃絶のための「強力で費用対効果の高い手段」（PSMAの前文）となりうる。PSMAに基づく寄港国措置は，国連海洋法条約118条[6]や国連公海漁業実施協定17条4項[7]に

---

(5) IUU漁業の防止・抑止・廃絶のためのさまざまな主体によるさまざまな措置については，cf. Erceg, Diane., 2006, "Deterring IUU fishing through state control over nationals", *Marine Policy*, Vol. 30, pp. 173–179., Swan, Judith., 2006, "Port State Measures to Combat IUU Fishing: International and Regional Developments", *Sustainable Development Law & Policy*, Vol. 7(1), pp. 40–41., Riddle, Kevin W., 2006, "Illegal, Unreported, and Unregulated Fishing: Is International Cooperation Contagious?", *Ocean Development & International Law*, Vol. 37 (3-4), pp. 269–286., Miller, Denzil G. M., Natasha M. Slicer & Eugene Sabourenkov, 2014, "An action framework to address Illegal, Unreported and Unregulated (IUU) fishing", *Australian Journal of Maritime & Ocean Affairs*, Vol. 6 (2), pp. 75–84., 石川義道「IUU漁業対策としての特定国に対する輸入制限——地域漁業管理機関における実行とEUの動向の分析」『成城法学』85号（2017年）61-63頁。

(6) 国連海洋法条約118条は次のような規定である。「いずれの国も，公海における生物資源の保存および管理について相互に協力する。」

(7) 国連公海漁業実施協定17条4項は次のような規定である。「地域的漁業機関に属する国は，同機関の保存管理措置の実効性を損なう非締約国船舶の活動を抑止するため，同協定および国際法に合致した措置をとる。」

[第Ⅰ部 論考]

則った，海洋生物資源の保存管理という国際社会の共通利益に資する国際協力に基づく措置といえる。また，国際法上，一般的に，国は，自国領域に対する主権に基づき，外国船舶の入港や停泊を可とする港（国際海港）を指定する権利や外国船舶が入港中や停泊中に遵守すべき国内法令を制定する権利を有し，他方で，外国船舶の入港，停泊や港湾サービスの利用を認めなければならない義務を負わない[8]。そのため，IUU漁業対策としての寄港国措置は，当該IUU漁船の旗国がRFMOsやPSMAの締約国である否かに関係なく，国際法上の根拠を有するかたちで講じることができる。

　世界最大のマグロ輸入国・市場国・消費国である日本は[9]，IUU漁業を行っている国からのマグロ類の輸入制限を可能にすることを一つの目的として，1996年に「まぐろ資源の保存及び管理の強化に関する特別措置法」（平成8年（1996年）6月21日法律101号）（まぐろ法）を制定した。まぐろ法は，5条で「政府は，外国の漁業者によるまぐろ漁業の活動が，保存管理措置の有効性を減じていると認められるときは，当該保存管理措置を取り決めた国際機関に対して当該活動を抑止するために必要な措置を講ずるよう要請するとともに，当該外国に対して当該活動を改善するよう要請しなければならない」と規定したうえで，6条で「政府は，前条の規定による要請をした後，相当の期間を経過してもなお当該要請に係る活動が改善されていないと認められるときは，当該国際機関における取決めに従い，必要な限度において，外国為替及び外国貿易法（略）第五十二条の規定に基づき前条に規定する外国からのまぐろの輸入を制限する

---

(8) この点については，cf. Lowe, A. V., 1977, "The Right of Entry into Maritime Ports in International Law", *San Diego Law Review*, Vol. 14, p. 608., 山本草二『海洋法』（三省堂，1992年）111-112頁., Churchill, R. R., and Lowe, A. V., 1999, *The law of the sea, third edition*, Manchester University Press, pp. 61-65., Yang, Hijiang, 2006, *Jurisdiction of the Coastal State over Foreign Merchant Ships in Internal Waters and the Territorial Sea*, Springer, pp. 47-50., Molenaar, Erik J., 2007, "Port State Jurisdiction: Toward Comprehensive, Mandatory and Global Coverage", *Ocean Development and International Law*, Vol. 38, pp. 227-237., 瀬田真「船舶起因汚染に対する寄港国管轄権の適用基準」『比較法学（早稲田大学比較法研究所）』48号1号（2014年）86頁., Witbooi, Emma, 2014, "Illegal, Unreported and Unregulated Fishing on the High Seas: The Port State Measures Agreement in Context", *International Journal of Marine & Coastal Law*, Vol. 29, pp. 293-294., Tanaka Yoshifumi, 2015, *The International Law of the Sea, Second edition*, Cambridge University Press, pp. 80-81., Ryngaert, Cedric., and Ringbom, Henrik., 2016, "Introduction: Port State Jurisdiction: Challenges and Potential", *International Journal of Marine & Coastal Law*, Vol. 31, pp. 381-385.

ことができる」(傍点は筆者による挿入)と規定している。

　実際に、マグロ類に関するRFMOsの一つである大西洋まぐろ類保存国際委員会(ICCAT)は、1994年にICCATによる保存管理措置の勧告の実効性を減ずる方法で操業する漁船の旗国からの大西洋クロマグロの輸入を制限するように締約国に勧告する決議(the 1994 ICCAT Bluefin Tuna Action Plan Resolution)を採択し、同決議に基づき、1996年にベリーズ、ホンジュラスとパナマを保存管理措置の実効性を損なう活動を行っている船舶の旗国であると認定し、締約国に対してこれらの三ヶ国からのクロマグロの輸入禁止措置を勧告したことを受けて(「ベリーズおよびホンジュラスに1994年マグロ行動決議を遵守させるためのICCATによる勧告」と「パナマに1994年マグロ行動決議を遵守させるためのICCATによる勧告」)、日本は「まぐろ法」に基づき1997年9月からベリーズとホンジュラスからのクロマグロ類の輸入を禁止し、1998年1月からはパナマからのクロマグロ類の輸入を禁止した。その後、ICCATは、パナマについては1999年に、ホンジュラスについては2001年に、ベリーズについては2002年に、締約国に対して輸入禁止措置の撤回を勧告した[10]。

---

(9) マグロ・カジキ類(太平洋クロマグロ、大西洋クロマグロ、ミナミマグロ、ビンナガ、メバチ、キハダの6魚種)の輸入国・市場国・消費国としての日本についての統計は次の通りである。
　「日本の輸入量は1980年には約10万トンであったが、2002年の45万トンに至るまで直線的に増加した。その後、2004年以降は減少傾向で2008年には28万トン台に落ち込んだが、2009年には若干増加し30万トン近くに回復している。輸入ではフィレ状態のものを含むことや商品価値の高い部分のみが輸入されることもあることから、元の魚体重量から過小評価になっていることも考えられる。また、カツオ・ビンナガを中心に毎年5から10万トンの輸出が行われている(財務省貿易統計)。日本のまぐろ類市場への供給量は、自国の漁獲量約50万トンと輸出入量差約20万トンの合わせて約70万トン弱である。このうち刺身としての消費は近年45万トン(一人当たりの年間消費量は約3.7kg)であり、残りは主に缶詰や鰹節関連(調味料を含む)で消費される。」(水産庁水産研究・教育機構「03　まぐろ類の漁業と資源調査(総説)」『平成28年度国際漁業資源の現況』(2017年)2-3頁)
　なお、2016年の日本のマグロ・カジキ類の輸入額は1,915億円で、台湾から22.2%、中国から14.4%、韓国から10.7%、マルタから6.9%、豪州から6.8%、メキシコから5.5%であった。cf. 水産庁『図で見る日本の水産』(2017年)12頁。
(10) ICCATによる輸入禁止措置の勧告については、cf. 小松正之・遠藤久『国際マグロ裁判』(岩波書店、2002年)39頁。坂元茂樹「公海漁業の規制と日本の対応——IUU漁業をめぐって」栗林忠男＝杉原高嶺編『日本における海洋法の主要課題』(有信堂高文社、2010年)290-292頁。

[第 I 部 論考]

　また，日本は 2017 年 6 月に PSMA に加入した。日本は PSMA への加入に先立ち，PSMA や RFMOs に基づく寄港国措置を実施するための国内法令の整備を 2016 年に行った。
　本稿は，IUU 漁業の定義，FAO と RFMOs による IUU 漁業の防止等への取り組みを寄港国措置に焦点をあてて整理・確認したうえで，上記で述べたような寄港国措置の目的の実現という観点から，寄港国措置を実施するための日本の国内法令の整備とその執行を批判的に検討し，いくつかの課題を指摘し，それらの克服策を提示する。

II　IUU 漁業の定義

　まず，IUU 漁業の定義を簡単に確認しておきたい。IUU 漁業は，RFMOs の一つである南極海洋生物資源保存委員会 (CCAMLR) がその管理対象水域における 1996 年から 1999 年までのマゼランアイナメ（日本での流通名は「メロ」，かつては「銀むつ」とよばれていた）の漁獲量が漁獲規制の 2 倍に相当する 9 万トンにのぼったことを報告して以来，とりわけ FAO において広まった用語である。2001 年 3 月に FAO の水産委員会 (COFI) によって合意された IUU 国際行動計画において IUU 漁業の定義がなされている。2009 年 11 月採択の PSMA も同じ定義を採用している。
　まず，IUU 漁業の「I」違法漁業 (illegal fishing) とは，①ある国の管轄下の水域において，その国もしくは外国の船舶によって，その国の許可なしに，またはその国の法令に違反して行われる漁業，②関係する地域的漁業管理機関 (RFMOs) の締約国の旗を掲げた船舶によって行われる漁業で，同機関が採択しかつその国に対して拘束力ある保存管理措置に違反する漁業，もしくは適用ある国際法の関係規定に違反する漁業，または，③関係する RFMOs に対する協力国によって行われるものも含め，国内法もしくは国際的義務に違反する漁業，である。
　次に，IUU 漁業の一つ目の「U」無報告漁業 (unreported fishing) とは，①国内法令に違反して，関係国内当局に報告がなされなかったか，もしくは虚偽の報告がなされた漁業，または，②関係する RFMOs の権限が及ぶ海域で行われたもので，当該 RFMOs の報告手続に違反して，報告されなかったかもしくは虚偽の報告がなされた漁業，である。

そして，IUU 漁業の二つ目の「U」無規制漁業（unregulated fishing）とは，①関係する RFMOs の適用海域内で，無国籍の船舶もしくは同機関の非締約国の旗を掲げる船舶，またはその他の漁業主体によって行われる漁業で，同機関の保存管理措置に違反するもしくは合致しない漁業，または，②適用ある保存管理措置が存在しない海域における漁業，もしくは適用ある保存管理措置の対象となっていない漁業資源に向けられた漁業であって，当該漁業活動が国際法上の海洋生物資源の保存に関する国家の責任に合致しないような形で行われる漁業，である。

Ⅲ　FAO による IUU 漁業への取り組み —— 寄港国措置に焦点をあてて

寄港国措置は，IUU 漁獲物の陸揚げ・国内流通を阻止し，IUU 漁獲物の販路を絶つという点で，とりわけ日本のような水産物の輸入国・市場国・消費国にとっては IUU 漁業対策として重要である。しかし，少数の国のみが寄港国措置を講じた場合，IUU 漁船が寄港地を移して寄港国措置を講じられることのない国の港で漁獲物の陸揚げや転載を行う，いわゆる便宜寄港（port of convenience）問題が発生する可能性がある[11]。寄港国措置が IUU 漁業対策のための実効性のある措置となるためには国際的な協調行動が必要である。

1　1995 年の「責任ある漁業の行動規範」

1995 年 10 月に国連食糧農業機関（FAO）総会は「責任ある漁業の行動規範（Code of Conduct for Responsible Fisheries）」（FAO 行動規範）をコンセンサスで採択した。FAO 行動規範は，1992 年 5 月にメキシコ政府主催で開催された

---

[11]　この点については，cf. 深町公信「公海漁業の規制 —— IUU 漁業をてがかりとして」『国際法外交雑誌』112 巻 2 号（2013 年）256-257 頁。深町は，便宜寄港が寄港国措置を講じる国にもたらす問題として，「漁船の港湾利用の減少によって施設の利用料の減少が起きたり，水揚げ高の減少で漁業基地としての機能が低下する」（同 257 頁）と指摘している。なお，IUU 漁船が漁獲活動を行い，いったん外国の港または領海内に入り，漁獲物（IUU 漁獲物）を陸揚げし，その後，当該漁獲物が積み出されて当該漁船あるいは他の船舶で日本に向かうという場合，当該漁獲物の陸揚げのための日本の港への寄港は，「外国人漁業の規制に関する法律」（昭和 42 年（1967 年）7 月 14 日法律 60 号）（外規法）の寄港許可制度の規制対象外である（外規法 4 条 1 項 2 号）。

「責任ある漁業に関する国際会議」で採択された「カンクン宣言」を受けて採択された[12]。FAO行動規範は，その序論で，「この規範は，生態系および生物多様性に妥当な配慮を払い，水産生物資源の実効的な保存，管理および開発を確保する目的で，責任ある実行のための行動原則および国際的な行動基準を設定する」と述べたうえで，8.3に「寄港国の義務」のセクションを設けているが，寄港国がIUU漁業に対してとるべき措置が具体的に示されているわけではない[13]。

2　2001年の「IUU漁業の防止，抑止および廃絶のための国際行動計画」

　FAOでIUU漁業問題が取り上げられるようになったのは，1999年2月のFAO第23回水産委員会（COFI）からである。南極海洋生物資源保存委員会（CCAMLR）で既に深刻な問題となっていたIUU漁業について，オーストラリアが国際的な協調行動の必要性を訴える文書を提出したことに端を発している[14]。1999年3月，FAOの漁業閣僚会合（Ministerial Meeting on Fisheries）が開催され，FAO行動規範のより一層の実施促進を求める「責任ある漁業のための行動規範の実施に関するローマ宣言（The Rome Declaration on the Implementation of the Code of Conduct for Responsible Fisheries）」が採択された。この宣言は「すべての形態のIUU漁業に効果的に対処するために地球規模での行動計画を策定すること」を求めた。これらの動きを受けて，2001年3月にFAO第24回COFIがコンセンサスでIUU漁業防止等国際行動計画を採択した[15]。

　IUU漁業防止等国際行動計画は，「すべての国がとるべき包括的，効果的，透明な措置を提示することで，IUU漁業を防止，抑止および廃絶すること」(para.

---

[12]　FAO行動規範については，cf. 渡辺浩幹・小野征一郎「「責任ある漁業」に関する一考察」『東京水産大学論集』35号（2000年）154頁。

[13]　FAO行動規範8.3.1（寄港国の義務）は次のように述べている。「寄港国は，その国内法に規定された手続きに基づき，また，適用可能な国際協定あるいは取決めを含む国際法に従って，この規範の目的の達成のために，また，この規範の目的の達成について他国を支援するために，必要な措置をとるとともに，この規範の目的のために設定した規則および措置の詳細を他国にも周知するべきである。そのような措置を講じるにあたっては，寄港国は，いかなる国の船舶についても，形式的にも，実質的にも，差別してはならない。」

[14]　この点については，cf. 林司宣「地域的漁業機関による資源管理と公海の自由原則──違法・無報告・無規制（IUU）漁業取締りの限界」同『現代海洋法の生成と課題』（信山社，2008年）263-264頁。

8）を目的として採択された非拘束的文書である。IUU漁業防止等国際行動計画は，FAO行動規範をふまえて，寄港国がIUU漁業に対してとるべき措置の具体化・詳細化を図った文書である。

　IUU漁業防止等国際行動計画は，寄港国に対して，外国漁船から入港前に通報された情報の確認やIUU漁獲物の陸揚げ拒否の措置等を求めている。

　IUU漁業防止等国際行動計画は，主に次の6点の措置を行うように求めている。①寄港国は，外国漁船が寄港することができる港を定め，当該港での検査体制を整備すること（57項），②寄港許可を求める外国漁船は操業許可証・操業記録・漁獲量に関する情報を事前に寄港国に伝え，寄港国が当該漁船がIUU漁業に従事あるいは関与したか否かを確認できるようにすること（55項），③寄港国は寄港を求める漁船がIUU漁業に従事した明確な証拠がある場合，港での漁獲物の陸揚げや転載を許可せず，また当該漁船の旗国に通報すること（56項），④寄港国は，検査の結果，外国漁船がIUU漁業を行ったと信じるに足る十分な理由がある場合，当該漁船の旗国や地域漁業管理機関に通報すること（58項），⑤二国間ないし多国間で実施する寄港国措置の策定に協力すること（62項），⑥RFMOsに加盟せず，当該RFMOsの保全管理措置に協力していない国の漁船がRFMOsの管轄海域内で操業している場合，当該漁船はIUU漁業を行っているものとみなし，当該漁船が当該保存管理措置と両立する方法で操業したことを立証しない限り，港での漁獲物の陸揚げや転載を許可しないとする寄港国措置をRFMOsを通じて策定すること（63項）。

3　2009年の「IUU漁業の防止，抑止および廃絶のための寄港国措置協定」

　IUU漁業防止等国際行動計画を受けて，2005年にFAO第26回COFIにおいて「寄港国措置に関するモデル・スキーム」が承認された[16]。さらに，IUU漁業対策としての寄港国の法的義務を定めるために，2009年11月にPSMAが採択され，2016年6月に発効した[17]。2019年2月14日現在，締約国数は59

---

(15) IUU漁業防止等国際行動計画については，cf. Edeson, William., 2001, "The International Plan of Action on Illegal Unreported and Unregulated Fishing: The Legal Context of a Non-Legally Binding Instrument", *The International Journal of Marine and Coastal Law*, Vol. 16 (4), pp. 605–607.

(16) 寄港国措置に関するモデル・スキームについては，cf. Terje Lobach, 2010, "Combating IUU Fishing: Interaction of Global and Regional Initiatives" in Davor Vidas (ed.), 2010, *Law, Technology and Science for Oceans in Globalisation*, pp. 113–117.

[第Ⅰ部 論考]

か国と EU である。日本は 2017 年 5 月 10 日に国会承認し，同年 5 月 19 日に FAO 事務局長に加入書を寄託し，同年 6 月 18 日に日本について効力発生した。

PSMA は，寄港国措置として，具体的には，主に三点，①外国漁船の入港前の情報提供，②外国漁船の入港許可制度，③IUU 漁獲物の陸揚げ拒否について規定している。

PSMA の目的は，「効果的な寄港国措置の実施を通じ IUU 漁業を防止，抑制および廃絶し，海洋生物資源と海洋生態系の長期的な保全および持続可能な利用を確保すること」(2 条) である。締約国は，寄港国として，入港を求めるか，あるいは既に入港している自国の船籍を有さない船舶に対して，この協定を適用する (3 条)。PSMA に基づく寄港国措置の対象となる船舶は外国船舶であり (当該船舶の旗国が PSMA の締約国である必要はない)，自国籍船舶は対象とはならない。

寄港国として締約国が行う具体的な措置については，協定 7 条以下で規定されている。締約国は，この協定に従って船舶が入港を要請することができる港を指定し，公表する (7 条)。

締約国は，最低基準として，船舶に入港を許可するに先立って付属書 A で求められている情報が提供されるようにしなければならない。これらの情報は寄港国が当該情報を検討するのに十分な時間を確保するため，事前に提供される必要がある (8 条)。

船舶が入港を求めるに際し，入港の何時間前にこれらの情報を提供するように義務付けるかは各締約国に委ねられている。締約国は入港を求める船舶が IUU 漁業もしくは IUU 漁業に関連した活動に従事したか否かを判断するために必要となる情報を受領した後，締約国は当該外国船舶の入港の可否を決定する。この際，締約国は入港を求める船舶が IUU 漁業もしくはこれを支援する漁業に関連した活動をしたと考えるに足る十分な証拠を有する場合には，とり

---

(17) PSMA 採択までの交渉過程等については，cf. Daley, R., 2010, "New agreement establishing global port state measures to combat IUU fishing", *Australian Journal of Maritime & Ocean Affairs*, Vol. 2 (1), pp. 29–30., David J. Doulman, "FAO Action to Combat IUU Fishing: Scope of Initiatives and Constraints on Implementation" in Davor Vidas (ed.), 2010, *Law, Technology and Science for Oceans in Globalisation*, pp. 136–138., 小山佳枝「違法漁業防止寄港国措置協定と国内措置」『環境と公害』2018 年 1 月号，18–19 頁。

わけ，RFMOs の規則および手続きに基づき，国際法に従って当該 RFMOs が作成した IUU 漁業もしくは漁業に関連した活動を行った船舶の一覧表（IUU 漁船リスト）に記載があった場合には，当該船舶の入港を拒否しなければならない（RFMOs 作成の「IUU 漁船リスト」について 3-1. 参照）。IUU 漁船リスト掲載船舶が既に入港している場合には，締約国は，当該船舶に対し，魚の水揚げ，転載，梱包，加工，給油，補給，保守，船渠収容（ドック入り）等の港湾でのサービスの利用を拒否しなければならない（9 条）。

　船舶が自国の港に入港した場合，締約国は，次のいずれかに該当するときは，自国の国内法令に従い，およびこの協定を含む国際法に反することなく，従前に陸揚げされたことのない魚類の陸揚げ，転載，梱包および加工のため，ならびに他の港湾サービス（特に，補給，保守および船渠収容を含む。）のために当該船舶が港を使用することを拒否する。(a)船舶が旗国によって必要とされる漁業もしくは漁業に関連した活動に従事するための有効かつ適用可能な許可を有していないと締約国が判断した場合。(b)船舶が沿岸国の管轄の下にある領域に関して当該沿岸国によって必要とされる漁業もしくは漁業に関連した活動に従事するための有効かつ適用可能な許可を有していないと締約国が判断した場合。(c)船内の魚類が沿岸国の管轄の下にある区域に関して当該沿岸国により課される要件に反して採捕されたものであることについての明白な証拠を締約国が入手した場合。(d)寄港国の要請に対し旗国が合理的な期間内に積載された魚が関連する RFMOs の適用可能な要件に従って漁獲されたと確認を行わなかった場合。(e)締約国が，船舶が IUU 漁業もしくはこうした漁業を支援する漁業に関連した活動に従事していると信ずるに足る合理的な根拠を有する場合（11 条 1 項）。

　船舶検査に関して，締約国は協定の目的を達成するために十分な水準の検査に到達するのに必要な数の検査を実施しなければならない。具体的にどの程度の頻度で行うかは締約国の裁量にゆだねられている。ただし，次の船舶の検査を優先して行う必要がある。(a)過去に PSMA に基づき入港あるいは港の利用を拒否されたことがある船舶。(b)他の関連する締約国もしくは REMOs から検査の要請があった船舶，とりわけ当該船舶が IUU 漁業あるいはこうした漁業を支援する漁業に関連した活動に従事したとの証拠を伴っている場合。(c) IUU 漁業もしくはこうした漁業を支援する漁業に関連した活動に従事したと疑うに足る明白な証拠がある船舶（12 条）。

Ⅳ　RFMOs による IUU 漁業への取り組み —— 寄港国措置に焦点をあてて

　現在，国際的な漁業資源管理は海域と魚種ごとに設けられた RFMOs を中心に実施されている。RFMOs は対象魚種の資源量評価に基づき適正な漁獲量・漁獲枠の設定等の保存管理措置を決定する。RFMOs の加盟国は自国の国内法・政策で当該保存管理措置を受け止め，その内容を自国について実施する。

　RFMOs のうち，経済的価値の高いマグロ類等を管理する RFMOs は，ICCAT，インド洋まぐろ類委員会（IOTC），中西部太平洋まぐろ類委員会（WCPFC），全米熱帯まぐろ類委員会（IATTC），みなみまぐろ保存委員会（CCSBT）の5つがある（【図】「世界の主な地域漁業管理機関」参照）。

　RFMOs は，加盟国の合意によって RFMOs の保存管理措置を遵守しない IUU 漁業を行う漁船（IUU 漁船）をリストアップしたうえで，加盟国に対して，寄港国措置として，外国漁船が入港できる港の指定，外国漁船から入港前に通報された情報に基づく入港可否の決定，IUU 漁船リストに掲載された船舶の入港拒否，IUU 漁獲物の陸揚げ拒否等の措置を義務付けている。

　RFMOs と FAO で採択された PSMA は，それぞれが設定した寄港国措置の実施において，相互に補完しあう関係にある。たとえば，後述するように，日本が PSMA に基づく寄港国措置（IUU 漁獲物を積載した外国船舶の入港拒否）を講じるにあたって，RFMOs によって作成された IUU 漁船リストがそのまま入港拒否の対象船舶として指定されている。

1　RFMOs による「IUU 漁船リスト」および「正規許可船リスト（ポジティブ・リスト）」作成

　現在，すべてのマグロ類を扱う RFMOs および南極海海洋生物資源保存委員会（CCAMLR），北西大西洋漁業機関（NAFO），北東大西洋漁業委員会（NEAFC），南東大西洋漁業機関（SEAFO），南太平洋地域漁業管理機関（SPRFMO）で，IUU 漁船リストが作成されている。IUU 漁船リスト掲載船舶には RFMOs の非加盟国の船舶も含まれている。リストアップ数は RFMOs により相当程度異なり，2018年8月末現在，大西洋および地中海のマグロ類を管理する ICCAT では91隻がリストアップされているが，日本籍漁船が多

第3章　IUU漁業対策としての寄港国措置［鶴田　順］

図：世界の主な地域漁業管理機関

出典：外務省ホームページ上の情報「漁業」より（https://www.mofa.go.jp/mofaj/gaiko/fishery/）

く操業する中西部太平洋のマグロ類を管理するWCPFCでは3隻がリストアップされているのみである。その他のIUUリスト登録船舶数は、2018年8月末現在、IOTC69隻、北太平洋漁業委員会（NPFC）23隻、IATTC14隻、CCSBTゼロ隻、CCAMLR16隻、NAFO7隻、SEAFO25隻、地中海漁業一般委員会（GFCM）65隻である。

また、RFMOsのうち、ICCAT、IOTC、IATTC、CCSBT、WCPFCでは、加盟国の正規に許可を受けた漁船をリストアップし、これら正規許可船の漁獲物についてのみ国際取引を認める正規許可船リスト（ポジティブ・リスト）対策が決議されている[18]。

たとえば、WCPFCでは、条約24条4項の「委員会の構成国は、この条約を効果的に実施するために、自国の旗を掲げる権利を有し、かつ、自国の管轄の下にある水域を超える条約区域において漁獲に使用されることを許可された

---

[18]　正規許可船リストに掲載されていない船舶からの輸入を認めないとする措置は、日本政府のイニシアティブにより導入されたという。Cf. 坂元・前掲注[10]28頁、川本大吾「ポジティブリスト対策、年内開始へ」『水産週報』1615号（2003年）15頁。

103

[第Ⅰ部 論考]

漁船を記載する漁船記録を保持するとともに，これらの漁船のすべてがその記録に記載されることを確保する」との規定に基づき，正規許可船リストが作成されている。加盟国は，当該リストに掲載されていない船によって漁獲された規制対象種の自国における陸揚げや自国籍船への転載を行ってはならない。

　日本では，2003年11月14日以降に船積みされた冷凍クロマグロ，冷凍メバチマグロ，冷凍メカジキ，2004年12月22日以降に船積みされた冷凍ミナミマグロの輸入は，RFMOsの「正規許可船リスト対策」または「正規蓄養場リスト対策」に反しないものに限定されている。これらの貨物を輸入しようとする場合は，税関での「関税法」（昭和29年（1954年）4月2日法律61号）に基づく輸入通関手続きに先立ち，水産庁で当該貨物がRFMOsの正規許可船リスト対策または正規蓄養場リスト対策に反しない貨物であることの確認を受け，「確認書」の発行を受ける必要がある（2003年10月24日付け15水管第2204号（輸入注意事項15第45号の2の(4)の確認書の発行について）。なお，同通知は，「冷凍のくろまぐろ，みなみまぐろ，めばちまぐろ又はめかじきを輸入する場合の確認について」（2018年3月6日付け輸入注意事項30第3号）が2018年4月1日から施行されることに伴い，2018年3月31日付けで廃止となった。現在の手続きにおいても，税関での輸入通関手続きに先立ち，水産庁で当該貨物がRFMOsの正規許可船リスト対策または正規蓄養場リスト対策に反しない貨物であることの確認を受け，「確認書」の発行を受ける必要がある。さらに，確認書の発行手続きにおいては，「船籍国籍証書の写し」と「前船籍国籍証書の写し」の提出，冷凍クロマグロと冷凍ミナミマグロについては「漁獲証明書」の提出が必要とされている。「前船籍国籍証書の写し」の提出を求めるのは，IUU漁船リスト（ネガティブ・リスト）に掲載された船舶の船籍変更による「規制逃れ」対策であると考えられる。さらに，台湾，中華人民共和国，フィリピン，インドネシア船籍の超低温冷凍大型はえ縄漁船の場合は「各国関係機関発出の証明書」（たとえば，中華人民共和国船籍の場合は当該漁船の船主がIUU漁船の船主と無関係であることを証する中華人民共和国農業部漁業局発出の証明書，台湾船籍の場合は台湾區遠洋鮪漁船魚類輸出業同業公會発行の「冷凍鮪生魚片證明書」）の提出も必要とされている。

2　漁獲証明制度

　漁獲証明制度は，1999年に，南極海海洋生物資源保存委員会（CCAMLR）

が，規制対象魚種のマゼランアイナメの起源を特定し，加盟国に輸入される際にCCAMLRの保存管理措置に従って漁獲されたものか否かを確認するために採用された。この制度では，個々の漁獲と漁獲物の転載のたびに記録の添付を義務付けられ，漁獲時に漁船の船長が証明書に認証を行うだけでなく，洋上転載を行う場合には転載を受けた船舶の船長も認証を行うことから，漁獲時からその後の陸揚げ時までの漁獲物の追跡可能性（トレーサビリティ）を担保する手段でもある[19]。

RFMOsで実施されている現行の「漁獲証明制度（catch documentation schemes (CDS)）」としては，①CCAMLRが2008年に設けた南極海で漁獲されるマゼランアイナメ（patagonian toothfish）およびライギョダマシに関するもの（保存措置10-25（2008）），②ICCATが2008年に設けた大西洋クロマグロに関するもの（ICAAT大西洋クロマグロ漁獲証明制度）（勧告08-12（勧告07-10の改訂版）），③CCSBTが2010年に設けたミナミマグロに関するものの3つがある。漁獲証明制度は，通関手続きに際して，これらのRFMOsの保存管理措置に従って漁獲され・転載されたことを旗国政府が認証した書類（漁獲証明書 catch documentation）を漁獲物とともに提出することを義務付け，書類の完備していない漁獲物の輸入を禁ずる制度。この制度の導入などにより，CCAMLRにおけるIUU漁獲物の割合は総漁獲量の6%にまで減少したと推定されている。

EUはEU向けに輸出されるすべての水産製品への当該水産物を漁獲した船舶の旗国が発行する「漁獲証明書」の添付を義務付けている（2008年9月29日付け「違法・無報告・無規制（IUU）漁業を防止し，抑止し，および廃絶するための欧州共同体システムを確立する欧州連合(EU)理事会規則 1005／2008号」(EU-IUU規則)，2010年1月1日施行）[20]。同規則は，商業漁獲活動に従事するすべての船舶を対象として，IUU漁業を起源とする水産物がEU域内に入域することを防止・抑止・廃絶することを目的としている。EUでは，IUU漁業対策として，具体的には，「EU加盟国による寄港国措置の強化」と「輸入水産製品に対す

---

[19] Cf. 深町・前掲注[11]253頁。
[20] EU-IUU漁業規則については，cf. Christel Elvestad & Ingrid Kvalvik, 2015, "Implementing the EU-IUU Regulation: Enhancing Flag State Performance Through Trade Measures", *Ocean Development and International Law*, Vol.46 (3), pp. 242-246., 石川・前掲注(5)82-90頁。

る（漁船の旗国による）漁獲証明制度の導入」がなされている。EUの漁獲証明制度は2010年1月1日以降に漁獲されたすべての水産製品が対象である。未加工品・加工品，輸送方法の別は問わない。漁獲証明書には，漁船の各種情報，水産製品の説明（漁獲年月日，漁獲水域，水揚げ港等），漁船の船長の氏名，洋上転載の申告（転載した年月日，転載した推定重量，転載を受けた船舶の船名や船長の氏名等），輸出者の氏名等の記載が必要である。

　日本が旗国として漁獲証明書を発行する必要があるのは，主に，カツオ，マグロ・カジキ類，サバ，イカ，スケトウダラおよびタラ，カニ，水産練り製品原料用魚種（スケトウダラ，イワシ，アジ，エソ，グチなど）等である。なお，RFMOsの保存管理措置に従って漁獲され・転載されたことを旗国政府が認証した漁獲証明書でも代用可能である。

V　日本における寄港国措置協定の実施

1　外国人漁業の規制に関する法律4条1項関係（入港前情報提供制度・寄港許可制度関係）

「外国人漁業の規制に関する法律」（昭和42年（1967年）7月14日法律60号）（外規法）4条1項は，次のように規定している。

「外国漁船の船長（船長に代わつてその職務を行なう者を含む。以下同じ。）は，当該外国漁船を本邦の港に寄港させようとする場合には，次に掲げる行為をすることのみを目的として寄港させようとするときを除き，農林水産省令で定めるところにより，農林水産大臣の許可を受けなければならない。」

外規法における「外国漁船」は2条7号で次のように定義されている。
「日本船舶以外の船舶（農林水産大臣の指定するものを除く。）であつて，次の各号の一に該当するものをいう。
　一　漁ろう設備を有する船舶
　二　前号に掲げる船舶のほか，漁業の用に供され，又は漁場から漁獲物等を運搬している船舶」

これらの要件に該当するか否かの判断は，船舶の通常の用途に基づいて判断されるのではなく，その時点における用途によって判断される。したがって，商船であっても，漁場で他の船舶より漁獲物の転載を受け，漁獲物を輸送している場合には，外規法における「外国漁船」にあたると解される。

また，外規法における「本邦の港」は2条8号で定義されており，2017年4月1日現在，「港湾法」（昭和25年（1950年）法律218号）における港湾は933港，「漁港漁場整備法」（昭和25年（1950年）法律137号）における漁港は2,860港である。

　外規法4条1項の規定を受けて，「外国人漁業の規制に関する法律施行規則」（昭和42年農林省令50号）3条（寄港の許可の申請）は，「法第四条第一項の規定による許可を受けようとする船長は，次に掲げる事項を記載した申請書を農林水産大臣に提出しなければならない」と規定し，次のような記載事項を掲げている。記載事項は，「船長の氏名及び国籍」（1号），<u>「当該外国漁船の名称，種類，国籍，総トン数，国際海事機関船舶識別番号及び呼出符号」（2号）</u>，<u>「当該外国漁船の有する漁ろう設備，当該外国漁船に積載されている漁獲物又はその製品の品名，数量及び積込地並びに当該外国漁船が漁業の用に供されている場合にあつては当該漁業の内容」（3号）</u>，「当該外国漁船を使用する権利を有する者の氏名，国籍及び住所（法人その他の団体にあつては，名称，本店又は主たる事務所の所在地及び代表者の氏名。）」（4号），「当該外国漁船を寄港させようとする本邦の港の名称及び所在地」（5号），「当該外国漁船を寄港させようとする期間及び当該寄港の目的」（6号），「当該寄港の次に当該外国漁船を寄港させようとする港の名称及び所在地並びに当該港までの航海の目的」（7号）の7項目である。

　上記の下線を付した事項（2号および3号）は，日本政府が，RFMOsが作成したIUU漁船リストに掲載されていない船舶であることを確認するために，2016年の法令改正で新たに追加した事項である。EUのIUU漁業対策とは異なり，漁獲物への「漁獲証明書」の添付は義務付けられていない。

　外規法4条1項に基づく外国漁船の船長からの寄港許可の申請に対する許可実績は，平成25年度は98件，平成26年度は91件，平成27年度は106件である。申請はすべて許可されている。外国漁船の船長からの寄港許可の申請は，通常は，船長から委任を受けた日本在住の海事代理人や輸入業者等によって行われており，寄港する港を担当している水産庁の部署（水産庁の本庁あるいは北海道・仙台・新潟・境港・瀬戸内海・九州にある漁業調整事務所）に対して，原則として寄港予定日の7日前までに申請することとなっている。

[第Ⅰ部 論考]

2 外規法4条の2関係（入港前情報提供制度・寄港許可制度関係）

外規法4条の2は，次のように規定している。

「外国漁船の船長は，前条の規定にかかわらず，特定漁獲物等（外国漁船によ
・・・・・・
るその本邦への陸揚げ等によって我が国漁業の正常な秩序の維持に支障が生じ又は生ずるおそれがあると認められる漁獲物等で政令で定めるものをいう。（略））を本邦に陸揚げし，又は他の船舶に転載することを目的として，当該外国漁船を本邦の港に寄港させてはならない。」（傍点は筆者による挿入）

外規法4条の2は1975年の外規法の一部改正で追加された規定である。改正案提出の趣旨説明において，改正案提出者より，「特定漁獲物等」は「さしあたり，マグロ類を予定しております」と述べられていた（1975年6月17日の第75回国会参議院農林水産委員会における澁谷直蔵・衆議院農林水産委員長（当時）による改正案提出の趣旨説明[21]）。しかし，PSMA加入等のための2016年の外規法施行令の制定まで，特定漁獲物等を定める政令が制定されることはなかった。

外規法4条の2の「特定漁獲物等」の範囲について，「外国人漁業の規制に関する法律施行令」（2016年7月15日閣議決定，7月21日改正公布，8月20日施行）（外規法施行令）3条は，次のように規定している。

「法第四条の二の政令で定める漁獲物等は，水産資源の持続的な利用に関する国際機関その他の国際的な枠組み（我が国が締結した条約その他の国際約束により設けられたものに限る。）により我が国が本邦の港への寄港の禁止その他の

---

[21] 改正案提出の趣旨説明では，改正案提出にいたった状況について，次のように述べられている。

「わが国の漁業は，国際的には第三次国連海洋法会議における距岸二百海里に及ぶ経済水域設定の動き等の重大な問題に直面するとともに，国内においては，一昨年の石油危機に端を発する燃油，漁網綱等生産資材価格の異常な高騰，総需要抑制に伴う水産物の消費の停滞と価格の低迷等の問題を抱え，内外ともまことに容易ならざる事態に立ち至っております。このような中にあって，水産物の輸入は年々増加を続け，マグロ類等の一部漁種については需給事情が悪化し，当該国内漁業者の経営を一層窮地に陥らせているところであります。しかも，わが国総合商社等が業務提携して行う外国漁業によるこれら水産物の無秩序な輸入は，わが国指定漁業の許可制度の根幹をも揺るがす問題となっているところであります。かかる事態に対処し，今後における特定水産物の輸入と国内漁業者の経営の安定との調和を図るため，この際，輸入の方途等について一定の秩序を確立することが緊要であると考えるのであります。」（『第75回国会参議院農林水産委員会議録第14号』1頁）

必要な措置を講ずることが必要である旨が決定された船舶であって，その活動によって水産資源の適切な保存及び管理に支障が生じ，又は生ずるおそれがあるものとして農林水産大臣の指定するものが積載した漁獲物等（当該船舶から他の船舶に転載されたものを含む。）とする。」

外規法4条の2の「特定漁獲物等」は，日本が締約国となっているRFMOsが作成したIUU漁船リストに掲載された船舶であって，その活動が「水産資源の適切な保存及び管理」に支障があるものとして農林水産大臣が政令で指定する船舶が積載している漁獲物である。農林水産大臣は政令（「農林水産省告示1496号」（2016年7月21日制定，8月20日施行））によって当該リストに掲載されているすべての船舶にあたる，延べ272隻を指定した。その後，同告示は「農林水産省告示1241号」（2018年6月1日公布・施行）によって改正され，2018年8月末現在，当該リストに掲載されているすべての船舶にあたる，延べ313隻が指定されている。外規法上の特定漁獲物等であるか否かを判断するにあたっては，外国漁船の旗国政府が発行した「漁業許可書」や「漁獲証明書」の添付の有無によるのではなく，外国漁船がRFMOs作成のIUU漁船リストに掲載されているか否かが決定的な意味を有する設計となっている。

VI　結 ── 日本における寄港国措置協定の実施の評価と課題

日本がIUU漁業対策としての寄港国措置を講じるための外規法等の国内法整備（外規法の改正はせず，外規法施行規則の改正，外規法施行令の新規制定）は，洋上で採捕した漁獲物を積載した外国船舶が日本の港に向かい，漁獲物を陸揚げしようとする場合に，当該船舶の船長に入港前の段階で船舶や漁獲物等に関する情報の提供を求め，同漁船がRFMOs作成のIUU漁船リストに掲載されている場合に寄港を拒否することを可能にするものである。しかし，実際には，IUU漁船リスト掲載船舶がIUU漁業による漁獲物（IUU漁獲物）を日本に陸揚げするために寄港許可申請を行う可能性は低い。平成25年度から平成27年度までの実績では，寄港許可申請はすべて許可されている。

それゆえ，日本が，PSMAの目的の実現，すなわち，「効果的な寄港国措置」（PSMA2条）を通じたIUU漁業の防止・抑止・廃絶，より具体的には，IUU漁獲物の陸揚げを拒否し，日本の水産市場へのIUU漁獲物の流入を防ぎ，その販路を絶ち，IUU漁業に従事する経済的インセンティブをひろく低下させ

[第Ⅰ部 論考]

るためには，外規法4条の2の「特定漁獲物等」の範囲において，「IUU漁船が積載している漁獲物等」のみでなく「当該船舶から他の船舶に転載されたもの」を含むとした点は重要である。日本が寄港国措置を講じるための国内法整備は，日本の港への寄港許可が下りることがないIUU漁船リスト掲載船舶（IUU漁船）が，洋上で採捕したIUU漁獲物をIUU漁船リストに掲載されていない船舶（非IUU漁船）に洋上で転載し，当該非IUU漁船が日本の港に寄港し，IUU漁獲物を陸揚げするような場合についても規制を及ぼしている[22]。

しかしながら，そのようなIUU漁獲物の洋上転載規制の執行は容易ではない。洋上での漁獲の実態が寄港時に把握できるように，自国籍漁船の操業監視のための「衛星船位測定送信機（Satellite-based Vessel Monitoring System (VMS)）」の搭載義務付け[23]，また，漁船の船長に漁獲成績報告書（漁獲日，漁獲種，漁獲量，漁獲した漁船名と漁業者，漁法，洋上転載記録等を記載）の作成・提出を義務付け，提出を受けた旗国政府やその委託先機関によってその内容が認証され，日本への輸入時の提出書類への添付を義務付けるような漁獲証明制度の構築など，PSMAによって締約国に課せられた義務の履行にとどまらない，より積極的な措置が必要である[24]。とりわけ，IUU漁獲物の割合が高いと推定されるマグロ類，カニ類，ウナギ類，ヒラメ・カレイ類やイカ類等については，漁獲証明制度の対象とすべきである。そのような措置を講じることによって，日本におけるPSMAの実施は，IUU漁業の防止・抑止・廃絶という目的により一層資するものとなる。

---

[22] 水産庁は，外規法等の2016年改正の説明資料において，RFMOsが作成したIUU漁船リストに掲載されていないものの，同リストに掲載された外国漁船と共同で操業を行ったなど，IUU漁業に従事している外国漁船については「我が国の漁業の正常な秩序の維持に著しい支障を生ずるおそれがある」と述べている。Cf. 水産庁ホームページ上の情報「外国船舶に我が国への寄港許可について」(http://www.jfa.maff.go.jp/j/kanri/kikokyoka/kikokyoka.html) 掲載の資料「外国人漁業の規制に関する法律施行規則の一部改正等の概要について」。

⑳　「漁業法」（昭和24年（1949年）法律267号）52条1項で規定する「指定漁業」（沖合底びき網漁業，以西底びき網漁業，遠洋底びき網漁業，大中型まき網漁業，遠洋かつお・まぐろ漁業，近海かつお・まぐろ漁業，北太平洋さんま漁業，日本海べにずわいがに漁業，いか釣り漁業の9漁業について，操業海域や資源状況等の点で全国的な観点から農林水産大臣が許可する漁業，平成29年一斉更新許認可隻数は1,334隻（平成24年同隻数は1,617隻））については，日本が加盟する各RFMOsで決定された保存管理措置の遵守を確保する必要があるが，この保存管理措置のうち，漁業取締りの観点から衛星船位測定送信機（Satellite-based VMS）搭載による船位報告義務（VMS措置）を日本漁業者に課す場合には，「指定漁業の許可及び取締り等に関する省令（昭和38年（1963年）農林省令5号）」24条の2第1項および第2項の規定に基づき，農林水産大臣が，指定漁業の種類ごとに海域及び報告の方法を告示で定めることとされている。告示では，各RFMOsで決定されたVMS措置の対象海域以外の海域（外国EEZ等）にもVMS措置を課している。これは，水産庁によれば，①二国間の入漁協定等で相手国のEEZ内に日本の漁船が入漁する場合に，当該協定の操業条件等の遵守確保のため，また協定内で当該漁船に対しVMS措置を課す旨の取り決めが行われている場合があるため，または，②日本漁船が入漁協定等の枠組みがないにも関わらず入漁して相手国とのトラブルが発生することのないよう，旗国として日本漁船を監視・監督するためとのことである。また，VMS措置が課される漁業者による船舶の位置の報告の頻度については，農林水産省告示860号（衛星船位測定送信機による位置の報告義務について海域及び報告の方法を定める件）に規定されている。①各RFMOsの定めがある場合はその定めに従う，②①以外の海域では漁業者にとって過度な負担とならない必要最小限度の報告義務とするため，6時間ごとに記録した船舶の位置を1日に1回以上送信することを求めている。

　今後の指定漁業の許可船舶へのVMS措置について，2017年4月に水産庁が公表した「平成29年『指定漁業の許可等の一斉更新』についての処理方針」では，次のように述べられている。「我が国周辺水域における漁業調整の円滑化と漁業取締りの効率化，地域漁業管理機関等による漁業秩序の確立を推進するため，指定漁業の許可船舶へのVMS措置を順次進め，一斉更新後の許可期間中に，原則として全許可船舶へのVMSの搭載と常時作動を義務付けることとする」。また，2018年3月に水産庁が公表した「漁業取締方針」では，「沖合域においては，大臣許可漁船のVMS(略)の設置を進め，操業区域に係る違反や漁業調整問題の発生の未然防止を図る」「遠洋の外国水域及び公海で操業するかつお・まぐろ漁船，底びき網漁業等に対しては，オブザーバー，VMS，港湾での検査などから得られる情報を基に，関係漁業者に対する指導及び取締りを行うなど地域漁業管理機関が旗国に求めている資源保存管理措置を講ずる」と述べられている。指定漁業の取締り実績については，「遠洋の外国水域及び公海で操業するかつお・まぐろ漁船，遠洋底びき網漁業等の禁止区域操業等の違反事案は，年間一件程度となっており，昨年は2件の違反が確認されている」とのことである。

　なお，外国漁船が外規法4条1項に基づき日本に港への寄港許可申請を行う際に使用する「外国漁船寄港許可申請書」の書式には，VMS搭載の有無，搭載している場合には，旗国によるものか，それともRFMOsによるものか，送信機の種類，情報の送信機について記載する欄が設けられている。

　VMSについては，cf. Erik Jaap Molenaar and Martin Tsamenyi, 2000, "Satellite-Based Vessel Monitoring Systems for Fisheries Management: International Legal Aspects", *The International Journal of Marine and Coastal Law*, Vol. 15 (1), pp. 65–109., Doulman 2010, *supra note* 17, pp. 139–140 and 149–150.

㉔　条約の「積極的な」国内実施については，cf. 島村健「環境条約の国内実施──国内法の観点から」『論究ジュリスト』7号（2013年）89頁，久保はるか「環境条約の国内実施──行政学の観点から」『論究ジュリスト』7号（2013年）91頁。

第 II 部
コメント

第4章
国内法の観点から
――資源管理および生態系保全に焦点をあてて――

松 本 充 郎

I はじめに

　近代的な国内漁業制度は明治漁業法に始まるが（明治34年法律第34号。旧漁業法），地先および沖合漁業の旧慣は維持された。戦後，漁業の民主化を目的として新漁業法が制定され（昭和29年法律第267号。昭和漁業法。平成30年改正前のもの），1950年には水産資源枯渇防止法が成立して水産資源の保全の観点が初めて導入された（1951年には水産資源保護法［昭和23年法律第313号］とされた）。また，1950年代以降，工業化の進展により，水産業との共存が危ぶまれた。さらに，同時期には，沖合漁業・遠洋漁業が盛んになり，1962年改正において，指定漁業制度・知事許可漁業・大臣許可漁業制度が導入された[1]。
　さて，水産法制において「持続可能性」という観念の萌芽がみられるのは，水産資源枯渇防止法（水産資源保護法）以降であり，理念として導入されるのは水産基本法以降である。しかし，後述するように，漁業法本体において，予防的アプローチや生態系保全の観念は皆無である。日本は，1980年にはワシントン野生動植物国際取引規制条約（CITES），1993年には生物多様性条約（CBD），1996年には国連海洋法条約（UNCLOS），2006年には国連公海漁業協定を相次いで批准した。国内外における水産資源の枯渇や水産業による生態系の毀損という事態に直面し，水産法制は方向転換を強いられている。
　本コメントでは，第Ⅱ節において日本国内法上の漁業制度とその関連法制を

---

[1] 佐藤隆夫『日本漁業の法律問題』（勁草書房，1978年）177-190頁。いうまでもなく，工業化によって水産業が直面した環境汚染の最も深刻な例の一つが水俣病である。

[第Ⅱ部 コメント]

概観し，国内法制度と国際的な制度との齟齬について検討する。第Ⅲ節では，児矢野論文の「①「生態系に配慮した持続可能な漁業」という理念の実現への貢献という視点を念頭に，堀口論文については主に海洋生物資源の保存及び管理に関する法律（TAC法）の運用が予防的アプローチに適合的か否か，大久保論文については水産基本法・漁業法等における混獲規制や生息地保全等が生態系アプローチに適合的か否か，鶴田論文についてはIUU漁業の国内実施法における既存の規制措置で足りているか否か（寄港国措置及び漁獲証明書）等の観点からコメントする。第Ⅳ節において，私見を述べる。

なお，本稿は，2018年9月にコメントとして用意した草稿に加筆修正したものであり，漁業法およびTAC法の条文は，2018年12月改正前の条文を使用している。

Ⅱ　国内漁業制度及び関連法令の体系

1　明治漁業法及び公物法

江戸時代には，「磯は地付，沖は入会」といわれる旧慣が成立した。明治政府は，1874年の太政官布告第120号において河海湖沼池沢を官有地第三種に分類し海面官有制度を導入した。1875年には海面借区制度[2]を導入したが，1876年には事実上廃止に追い込まれた。

明治漁業法は明治34（1901）年に制定され，明治35（1902）年に施行されている。「沿岸漁業を規制するための『漁業権制度』，沖合遠洋漁業を規制するための『漁業許可制度』，及び資源保護のための『資源取締規則』から成り立っていた」[3]。

では，明治以降の政府は，太政官布告以降，海をめぐる権原や権限についてどのように理解していたのだろうか。地先水面については立法例と裁判例がある[4]。

---

(2) 旧慣上の漁業権等をいったん消滅させ，海面が官有であることを前提として，新政府の許可に基づき，海面使用料を徴収する仕組み。小松正之＝有薗眞琴『実例でわかる漁業権と漁業法の課題』（成山堂書店，2017年）22-26頁。

(3) 小松＝有薗・前掲注(2)30-34頁。

(4) 三浦大介『沿岸域管理法制度論』（勁草書房，2015年）145頁。寳金敏明『里道・水路・海浜（4訂版）』（ぎょうせい，2009年）169-180頁。

まず、公有水面埋立法（大正10［1921］年）は、「本法ニ於テ公有水面ト称スルハ河、海、湖、沼其ノ他ノ公共ノ用ニ供スル水流又ハ水面ニシテ国ノ所有ニ属スルモノヲ謂ヒ埋立ト称スルハ公有水面ノ埋立ヲ謂フ」（1条）と規定する。実務は、海底の不動産部分のみが国有財産であるとしている[5]。また、戦前の学説は公有水面埋立法1条を例にあげつつ、公所有権が成立しているとする[6]。しかし、現在の学説はこの見解を支持していない[7]。

また、裁判例としては、愛知県田原湾事件がある。田原湾には広大な干潟があり、登記簿上は住民約 2500 人にのぼる土地所有者が存在した。県は、東三河臨海工業団地の造成計画を推進するため、登記簿上の所有者に対して所有権滅失登記を申請するよう指導し、協力金を支払ったが、一部の住民（X ら）は協力しなかった。そこで、名古屋法務局田原出張所登記官（Y）が所有権滅失登記を行い、X らは、Y に対して所有権滅失登記の取消を請求した。第1審は請求を認容し、第2審もこれを支持した。しかし、最判昭和61年12月16日民集40巻7号1236頁は、民法施行当時、特定の者が排他的総括支配権を取得していたときを除いて、海は同法八六条一項にいう土地に当たらず、本件においてそのような排他的包括的支配権は設定されていないとし、X の請求を棄却した。

なお、本件最判は、一般論としては海面について私的所有権の成立を否定していない。

2　国連海洋法条約以前の漁業制度

昭和漁業法は 1949 年に制定され、翌年に施行された。「この法律は、漁業生産に関する基本的制度を定め、漁業者及び漁業従事者を主体とする漁業調整機構の運用によつて水面を総合的に利用し、もつて漁業生産力を発展させ、あわせて漁業の民主化を図ることを目的とする。」（1条）。漁業法の適用範囲について、条文上、明示的な規定はないが、領土、内水、領海、排他的経済水域、大陸棚に及ぶと解されている[8]。

---

(5) 建設省財産管理研究会『公共用財産管理の手引き――いわゆる法定外公共物（第2次改訂版）』（ぎょうせい、1995年）9頁。
(6) 美濃部達吉『日本行政法（下）』（有斐閣、1930年［オンデマンド版、2001年］）783-784頁。
(7) 三浦・前掲注(4)146-150頁。寳金・前掲注(4)、168-192頁。
(8) 漁業法研究会『逐条解説　漁業法』（水産社、改訂版、2008年）28-31頁。

[第Ⅱ部 コメント]

　漁業法において,「『漁業権』とは,定置漁業権,区画漁業権及び共同漁業権をいう」(6条1項) とし,6条2項以下において詳細な規定を置く。6条5項は共同漁業権を定義する。漁業の組合員による漁業権及び入漁権行使については,都道府県漁業権行使規則において規定される (8条1項)。定置漁業及び区画漁業を営むためには漁業権または入漁権が必要である (9条)。漁業権の設定を受けるためには都道府県知事の免許が必要である (10条)。免許において地元民が最優先される (15～18条)。漁業権の法的性格については,「漁業権は,物権とみなし,土地に関する規定を準用する」(23条) とされる。「物権とみな」すの意味については,水産動植物採取権説と漁場支配説があり[9],漁場を支配しなければ水産動植物の採取は難しいことから,私見は漁場支配説である[10]。

　共同漁業権の権利主体である漁業協同組合の法的性格については,議論がわかれる。水協法上の法人団体であると同時に漁業権の総有的帰属主体 (実在的総合人) であり,共同漁業権 (6条5項3号) は漁業協同組合に帰属するとする総有説も有力であり (我妻説),学説の多くはこの説を支持する。しかし,判例は社員権説を採用する (最判平成元年7月13日民集43巻7号866頁)[11]。

　昭和37年以降の漁業法において,指定漁業制度が導入された。すなわち,大型船で操業する沖合漁業及び国際規制の影響を受ける沖合漁業および遠洋漁業については,政令の指定に基づき,水産動植物の資源保護または漁業調整のため,制限措置を講ずる必要がある漁業である場合には農林水産大臣が許可権限を付与された (52条)。また,大臣が管理すべき漁業として特定大臣許可漁業 (65条1項) がある。さらに,地先漁業及び大型船以外で操業する沖合漁業については,都道府県知事が許可権限を付与された (65条1項・66条,水産資源保護法4条1項)。漁場管理等に係る紛争処理は,目的規定の民主化政策 (1条) を反映し,公選委員を含む漁業調整委員会等に委ねられた (82～119条)。

　なお,漁業権漁業及び許可漁業のほかに,自由漁業がある。自由漁業は,公有水面において誰もが実施できる漁業であり,一本釣り漁業やはえ縄漁業がこれに該当する。各都道府県の漁業調整規則および内水面漁業調整規則において,

---

(9) 佐藤隆夫『日本漁業の法律問題』(勁草書房,1978年) 94-104頁。

(10) 大瀬崎ダイビングスポット訴訟上告審判決 (最判平成12年4月21日) も漁場支配説に立つ。

(11) 緒方賢一「沿岸海域の『共』的利用・管理と法」新保輝幸＝松本充郎編『変容するコモンズ』(ナカニシヤ出版,2012年) 57-59頁。我妻榮「鑑定書」田中克哲『最新・漁業権読本』(マナ出版,2002年所収,初出1966年) 235-237頁。

遊漁者が使える漁具漁法が制限されている。

　漁業において，民事法上，権利侵害に対しては物権的請求権を行使することが可能である[12]。また，行政訴訟においても，「法律上の利益を有する者」が訴訟を提起できる（行政事件訴訟法9条1項）。さらに，刑事法上，刑罰を科すことによって履行確保が行われる[13]（138〜146条。漁業法等の刑事法の仕組みについては，田中コメントを参照されたい）。

　なお，昭和18年改正まで，漁業法において漁業協同組合に関する規定が置かれていたが，1948（昭和23）年には水産業協同組合法（水協法）として独立の法律となった。

　また，昭和30年代から40年代にかけて，外国の大型漁船が日本近海で操業し，国内の港湾で物資の陸揚げや漁業資材の補給を行うなど漁業基地化して操業を拡大し，沿岸漁業との間で漁場の競合や操業上のトラブルが生じたため，1967（昭和42）年には外国人漁業の規制に関する法律（以下「外規法」）が制定された（違法操業漁船からの陸揚げや中継を規制）。

　漁業法（2018年改正前のもの）の特徴は，次のように総括できよう。第1に，漁業法本体には，TAC法とは異なりインプットコントロール（投入規制）はあってもアウトプットコントロール（総漁獲可能量および個別割当）は存在しなかった。第2に，漁業法の免許や許可に際して，海区漁業調整委員会による聴聞手続は存在したが，科学的データの取り込みは義務付けられていなかった。これらの点については，行政官出身の論者でさえ，批判的である[14]。もっとも，公害等調整委員会による原因裁定の場合には，科学的知見が取り込まれる[15]。第3に，事件の種別（民事・刑事・行政）を問わず，個人の権利利益の侵害が救済の端緒となるが，漁獲の対象ではない海洋生物の混獲のように，個人の権利利益の侵害が必ずしも問題にならない場合には，違法行為を糺す争訟等の過程は始まらない。

---

[12]　福岡高判平成22年12月6日判時2012号55頁（松本充郎「判批」自治研究91巻3号133-154頁）。
[13]　佐藤・前掲注(9)162-165頁。
[14]　小松＝有薗・前掲注(2)145-146頁および256-262頁。
[15]　有明海における干拓事業漁業被害原因裁定申請事件（公調委裁定平成17年8月30日判時1925号9頁）および出し平ダム排砂漁業被害原因裁定嘱託事件（公調委裁定平成19年3月28日判時1972号45頁）等がある。

[第Ⅱ部 コメント]

3 国連海洋法条約加盟後の水産法制

(1) 漁業関連法制

　国連海洋法条約の批准に伴い，TAC法（1996年）及び水産基本法（2001年）が制定された。

　まず，水産基本法は，次のように規定する。「この法律は，水産に関する施策について，基本理念及びその実現を図るのに基本となる事項を定め，並びに国及び地方公共団体の責務等を明らかにすることにより，水産に関する施策を総合的かつ計画的に推進し，もって国民生活の安定向上及び国民経済の健全な発展を図ることを目的とする」(1条。水産に関する施策を総合的かつ計画的に推進することにより，国民生活の安定向上と国民経済の健全な発展を図ることが水産基本法の目的である)。

　また，「水産物の供給に当たっては，水産資源が生態系の構成要素であり，限りあるものであることにかんがみ，その持続的な利用を確保するため，海洋法に関する国際連合条約の的確な実施を旨として水産資源の適切な保存及び管理が行われるとともに，環境との調和に配慮しつつ，水産動植物の増殖及び養殖が推進されなければならない」(2条2項。水産資源という食料の安定供給を持続可能に利用するために生態系を保全し，水産動植物の増殖及び養殖を推進する)。

　これらの目的を達成するために，「政府は，水産に関する施策の総合的かつ計画的な推進を図るため，水産基本計画（以下「基本計画」という。）を定めなければならない」(11条)。

　さらに，TAC法は，次のように規定する。「この法律は，我が国の排他的経済水域等における海洋生物資源について，その保存及び管理のための計画を策定し，並びに漁獲量及び漁獲努力量の管理のための所要の措置を講ずることにより，漁業法または水産資源保護法による措置等と相まって，排他的経済水域等における海洋生物資源の保存及び管理を図り，あわせて海洋法に関する国際連合条約の的確な実施を確保し，もって漁業の発展と水産物の供給の安定に資することを目的とする」(1条。漁業の発展と水産物の供給安定のため計画に基づき漁獲量を設定)。第一種特定海洋生物資源（第二種特定海洋生物資源）とは，排他的経済水域等において，漁獲可能量（漁獲努力可能量）を決定すること等により保存及び管理を行うことが適当である海洋生物資源であって，政令で定めるものをいう（2条2項 [2条4項]）。

農林水産大臣は，水産政策審議会の意見を聴いて（3条4項）「排他的経済水域等において海洋生物資源の保存及び管理を行うため，海洋生物資源の保存及び管理に関する基本計画（以下「基本計画」という。）を定めるものとする」（3条1項）。基本計画において「第一種特定海洋生物資源」の漁獲可能量（3条2項3号）および「第二種特定海洋生物資源」の漁獲努力可能量（3条2項8号）等に関する事項を定める。3条2項3号および8号に掲げる事項は，「最大持続生産量を実現することができる水準に特定海洋生物資源を維持し又は回復させることを目的として，特定海洋生物資源ごとの動向に関する事項及び他の海洋生物資源との関係等を基礎とし，特定海洋生物資源に係る漁業の経営その他の事情を勘案して定めるものとする」(3条3項)。なお，「最大持続生産量」(maximum sustainable yield, MSY）について，TAC法は定義していない。漁獲可能量のうち指定漁業等（漁業法51条1項・65条1項等）の種類別に定める数量を大臣管理量という（3条2項4号）。農林水産大臣は，採捕者による採捕の数量が当該大臣管理量を超過した等の場合には，採捕者に対し，省令に定めた期間について採捕の停止等の必要な命令をすることができる（10条1項）。農林水産大臣は，基本計画等に基づき，個別割当を行うことができ（11条1項），採捕者は個別割当を超えて採捕を行ってはならない（11条5項）。10条1項および11条5項等に対する違反には刑事罰が科される（22条）。

　「第一種特定海洋生物資源」として，1996年にサンマ・スケトウダラ・マアジ・マイワシ・サバ類・ズワイガニが，1998年にスルメイカが追加指定され，2017年太平洋クロマグロが指定された（令1条）。

　現実の資源管理においては，上述のような公的規制および第二種特定生物資源についての漁獲努力量の設定による資源回復計画の策定（TAC法2条3項および同法施行規則1条。行政指導）に加えて，漁業者による自主管理が行われている。漁業者は，国および都道府県が策定した資源管理指針に基づき，「自ら取り組む休漁，漁獲量の上限設定，漁具の規制等の資源管理措置を記載した『資源管理計画』を作成」する（「水産基本計画」（平成29年4月）11頁）。

　TAC法については，3条3項がABCに基づいてMSYを決定することを義務づけていない点に加えて，MSYの実現期限を定めていない点および「漁業の経営その他の事情」を勘案する前のデータの開示を義務付けていない点が課題である。

[第Ⅱ部 コメント]

(2) 環 境 法

　環境基本法は，持続可能な発展（4条。循環基本法4条），生態系への配慮（3条），未然防止原則および予防的取り組み方法（4条），環境配慮義務（19条）を規定する[16]。問題は，環境基本法及び同法が規定する理念の適用範囲である。水産法制は，法目的において環境配慮を規定せず，環境配慮を許認可における考慮事項としてない（「水面を総合的に利用」[1条]については，文理上，環境配慮を排除しているわけではないが，漁業法の究極的な目的は漁業生産力の発展と漁業の民主化である）。このような場合に，環境配慮を行うことは他事考慮に該当しないか。環境配慮が不十分であることを理由として，申請拒否処分を行えるか。行えない場合でも環境影響の緩和を条件とすることは可能か[17]。

　環境基本法が適用されるのは，環境省所管法のみであるとの理解もあり得よう。大塚説はこの説に近いと思われるが，諫早湾干拓事業民事差止訴訟控訴審判決（注[12]）が環境基本法19条に触れずに環境配慮を行っていることを指摘するから，漁業権が影響を受ける場合の環境配慮は否定されていないと考えている[18]。

　これに対して，環境法家族論は，環境基本法において，生態系への配慮が提唱されていることを手掛かりとして，生態系保全に事実上係る法律（採石法，砂利採取法，森林法，河川法，海岸法，漁業法等）は，生態系保全のための法律として位置づけられるべきであると主張する[19]。持続可能な発展・予防原則・生態系保全は国内法上の理念として採用されているから，これらの理念は水産基本法以前から採用されているということになろう。もっとも，環境法家族論においても，環境基本法や水産基本法における理念と個別法における許可の関係については，もう一段，議論が必要であると考えられている。

　獅子島事件において，採石等を業とするXは，鹿児島県出水郡旧東町（現長島町）獅子島近海において，採石法33条に基づき，県（Y）から紆余曲折の末に岩石採取計画の認可をうけた。また，岩石搬出用に桟橋が必要であったため，Xは獅子島所在の一般海浜地について国有財産法18条3項に基づき，Y

---

[16]　大塚直『環境法 Basic（第4版）』（有斐閣，2017年）49-50頁および86-91頁。

[17]　交告尚史「行政処分の条件と法目的」宇賀克也・交告尚史編『現代行政法の構造と展開』（有斐閣，2017年）413頁。

[18]　大塚・前掲注[16]91頁。

[19]　交告尚史「国内法研究者の視点から」環境法政策学会編『生物多様性の保護』（商事法務，2009年）44-48頁。

に対して一般海浜地等使用収益許可申請を行ったが不許可処分（本件不許可処分）を受けたため，本件不許可処分の取消訴訟を提起した。

地裁判決（鹿児島地判平成15年8月25日判自258号77頁）はXの請求を認容したが，その理由が重要である。いわく，自然環境の破壊が懸念されるのは，本件桟橋の設置よりも，本件採石場における岩石採取により山容が変化し，樹木や植物が排除されるためと考えられる。採石法33条の7は，不当な義務を課さない限り行政が認可に条件を付すことを許容している。行政は，認可の条件において環境破壊の防止措置を前提として許可し，事後的な監督を行い，終了後に自然回復を命ずることができるから，本件桟橋設置の許可・不許可の判断において自然環境破壊の虞を考慮するのは筋違いである。このように，私人の活動における環境配慮は条件において義務付けられると考えて，不許可処分を取り消した。

これに対して，控訴審は地裁判決を支持し，最高裁も次のような理由で上告を棄却した（最判平成19年12月7日民集61巻9号3290頁）。海岸管理者には，申請にかかる占用が一般公共海岸区域の用途又は目的に反しないものであっても，海岸法の目的等を勘案した裁量判断として占用の許可をしないことが相当であれば，占用の許可をしないことができる。これらの事情を考慮すると，Yの不許可処分は，海岸法（特に37条の4）において目的とされていない考慮すべきでないことを考慮し，当然考慮すべきことを十分考慮しておらず，社会通念上著しく妥当性を欠いている。本件不許可処分は，裁量権の範囲を超え又はその濫用があったものとして違法となり，原審の判断は結論において是認することができる。

さて，法律の目的規定に環境配慮が明記されていない場合に，①環境配慮や環境損害の回復等を義務づける条件や附款が「不当な義務」に当たらないかどうか，②環境配慮等の法的根拠は何か，そして③条件や附款の限界が問題となる。

まず，①の点について，従来の通説は，法律の留保の原則から附款は法律の目的の範囲内でしか認められないと考えてきた[20]。しかし，行政決定においてある事項を考慮したことの是非が問題になる場合には，義務的考慮事項・考慮禁止事項だけではなく，考慮可能事項があると考えるべきで，環境配慮は考慮

---

[20] 塩野宏「国土開発」山本草二他編『未来社会と法』（筑摩書房，1976年）174-176頁。

[第Ⅱ部 コメント]

可能事項に当たる。また，②憲法上，生態系の保全を義務付ける規定はないものの，環境基本法3条・19条等の法的根拠は存在する。このように，目的規定に環境配慮が規定されていない場合であっても，附款において環境配慮を義務付けることは「不当な義務を課する」ことに当たらず，法的根拠も存在するといえる（③の限界（程度）の問題に明確に応答できているわけではない）[21]。

Ⅲ　各論文へのコメント

児矢野論文における問題提起を受けて，各論文についてコメントする。

1　堀口論文へのコメント（資源の持続的利用および予防的取り組み方法）

堀口論文は，公海及びEEZにおける漁業について，国連海洋法条約61条，116〜119条，国連公海漁業協定3条2項，6条及びミナミマグロ事件ITLOS暫定措置命令及び仲裁判決[22]，UNCLOSの資源保全措置の国内実施法令であるTAC法及び水産基本法において予防的アプローチが実現されているか否か，今後実現される見込みがあるか否かを論じ次のように指摘している（UNCLOS3条・19条(2)(i)・21条(1)(e)・42条(1)(c)および漁業法・水産資源保護法の関係については検討していない）。

第1に，現状，TACの対象種が少なすぎることを指摘する（太平洋くろまぐろを含めて8種にとどまる）。第2に，水産政策審議会資源管理分科会が複数の選択肢を示す段階までは安全率を加味したABC Targetが提示されるが，現実には，ABC LimitおよびABC Targetが選択されることはない。また，水産基本法11条8項に基づき更新された水産基本計画（2017年策定）についても，予防的アプローチに言及していない。第3に，太平洋クロマグロについ

---

[21]　交告・前掲注(19)42-55頁。松本充郎「公物の使用関係」北村喜宣他編『行政法事典』（法学書院，2013年）80-81頁。

[22]　ミナミマグロの資源悪化の懸念から，日本・豪州・ニュージーランド（NZ）は，EEZにおける自主的TACと国別割当量を設定し，1993年にはミナミマグロ保存条約（CCSBT）を締結した。日本は，実験的漁業計画（EFP）を実施したが，豪州およびNZは，国連海洋法条約64条・116〜119条等に基づき，日本によるEFPの即時停止，既に行われた日本のEFP漁獲を国別割当量に含めること，予防原則に従って行動することを求めて，ITLOSに提訴した。ITLOSは，原告の主張をほぼ認めて暫定措置を命じたが，本案では管轄権なしとして請求を却下した。Southern Bluefin Tuna Arbitration, 39 ILM（2000）1359.

て，中部太平洋マグロ類条約の下での国別漁獲割当量が設定されており，TAC法上の漁獲可能量になっている。第4に，農林水産業・地域の活力創造プラン「別紙8 水産制度の改革」における資源管理制度の記載内容から，今後，TAC対象魚種の拡大等により，第1点目の指摘事項については若干ながら改善される見通しを指摘する。

太平洋くろまぐろをのぞき，大臣許可漁業及び知事許可漁業における個別許可（インプット規制）には影響が出ないようTAC法を運用している。理由として考えられるのは，公海及びEEZにおいて国際法を遵守していると主張しつつ，領海内での漁業法の運用への影響を回避するという意図が透けて見える。

もっとも，太平洋クロマグロの資源管理については，初めて「太平洋クロマグロ小型魚の漁獲に係るすべての沿岸漁業者に対する操業自粛要請」（平成30年1月23日）が発出された[23]。自粛要請は行政指導に過ぎないが，TAC法の履行確保に向けた資源の持続的利用および予防的アプローチに親和的な初めての取り組みとして注目すべき動向であると考える。

2 大久保論文へのコメント

「日本の国内法・政策のあり方は，何か構造的な問題を抱えているのか，という疑問」（児矢野論文）に答えているか，特に生態系アプローチ（漁獲対象種の関連種および依存種への影響緩和，生息地保全，漁獲対象種以外の混獲・投棄等の対策）を採用しているとの評価は可能か。対応する国内法令としては，水産基本法・漁業法・水産資源保護法に加えて，海洋基本法・自然公園法・生物多様性基本法等がある（大久保はMPAの導入についても指摘している）。

「森・川・海の連携」及び漁場整備（生息域保全）については，森林法（魚つき保安林）・河川法・水産資源保護法・漁業法・水産基本法の統合的な運用を観念することは可能であり，水産資源保護の結果として生態系保全が行われることは十分考えられる。しかし，この政策の射程は，溯河性魚類（や第1種区画漁業＝カキ養殖等）の保全を念頭に置いている。このうち，溯河性魚類については，先進的な内水面漁協の自主的な取組と都道府県の連携事例において統合的な運用が存在するものの[24]，国や公共団体の政策として普遍化していると

---

[23] 水産庁「太平洋クロマグロの資源管理について」（平成30年3月19日）〈http://www.jfa.maff.go.jp/j/suisin/s_kouiki/nihonkai/attach/pdf/index-68.pdf〉（閲覧日：2019年1月31日）。

[第Ⅱ部 コメント]

は言い難い。

　大久保論文からは，混獲規制や投棄規制について殆ど手当てがなされていないことがわかる。しかし，共同漁業権については，漁業権行使規則において混獲規制や投棄規制を導入する，大臣許可漁業権及び知事許可漁業権については，許可の条件に導入できる等の対応は可能なのではないか。

3　鶴田論文へのコメント

　IUU 漁業規制に対応する国内法令は，外規法のみである。児矢野論文における「国内法において十分な対応が行われているか」という問いに対しては，政令（省令）の改正によって「対応はしているが，漁獲証明制度が必要である」との結論を導いている。

Ⅳ　結びに代えて

　漁業法及び水産資源保護法に加えて，TAC 法が制定された。TAC 法の適用対象が非常に限られていることから，完全ではないもののインプット規制・技術規制・アウトプット規制が一応揃ったとの評価も可能かもしれない。しかし，三名の執筆者は運用上の問題や制度上の不備を指摘している。本稿も国内法の仕組みや論文を手掛かりとして問題点を指摘した。

1　理　念

　元来の漁業法には，資源の持続可能な利用の発想が弱く，予防的アプローチや生態系アプローチの発想は全くない。漁業制度における環境配慮については，環境基本法と関連付ける考え方と，そうでない考え方がありうる。

---

(24)　松本充郎「流域管理と水産資源の持続的利用」新保＝松本・前掲注(11)67-82 頁及び高橋勇夫「アユ　持続的資源の非持続的利用」新保＝松本・前掲注(11)83-102 頁。漁業法 127 条の増殖義務の履行方法として，水産庁は湖産アユの種苗放流を推奨していたが，冷水病の蔓延によりかえって地域の水産資源を毀損する事例が発生した（遺伝資源の攪乱までは報告されていない）。高知県をはじめとする先進的な内水面漁協は，アユ（第 2 種・第 3 種・第 5 種共同漁業権の対象）について，禁漁期の設定，産卵場の造成，降河期・遡上期・滞留期の維持流量確保（河川法 23 条の運用）や魚道設計（水産資源保護法 22 条 2 項）の改善，ダムの運用改善（環境基本法 16 条 1 項［水質基準・生活環境項目］・水質汚濁防止法・高知県清流保全条例 8 条および 9 条）に取り組み，天然アユの遡上を復活させる取り組みを進めている。

126

環境基本法は，生態系保全・持続可能性・予防的アプローチを理念として採用しているから，環境法家族論を活用すると，これらの理念は水産基本法以前から採用されており，漁業法の運用指針となりうる。環境基本法と関連付けない考え方による場合でも，環境配慮は条理として行える。いずれの立場による場合でも，環境配慮が禁止されていない限り可能である。混獲規制についても，最も混獲を防ぎやすい漁具を指定するなどの方法により，許可や免許の条件とすることは可能である。

国内の地先漁業においては，漁業従事者の減少により「過剰利用から過少利用・過少管理へ」(漁業従事者の減少に伴い，漁場利用者が減少し，密漁の監視もままならない)という現象が発生していることを指摘しておきたい[25]。このような現実も踏まえたうえで，(堀口論文も一貫性の原則に言及するが) 領海・排他的経済水域・公海において一貫した主張を行うことが必要であると考える。

2 個別的課題

堀口論文は，TAC法の運用に内在的な課題を指摘した。第1種指定が進んでいない現状に加えて，現状では，指定が行われている魚種についてもABCの算定方法(安全率)・現実のTAC選定において，水産資源の持続可能性は考慮されているが予防的アプローチは生かされていないと指摘する。

大久保論文は，漁場保全による水産資源保護が，結果として生態系保全に寄与する限りにおいて生態系アプローチと親和的であることを指摘する (MPAの導入についても指摘している。)。また，混獲規制が実質的にはあまり行われていないことを指摘する。

鶴田論文は，IUU漁業規制に対応する国内法令は，外規法のみである。児矢野論文における「国内法において十分な対応が行われているか」という問いに対しては，政令(省令)の改正によって「対応はしているが，漁獲証明制度が必要である」との結論を導いている。

インプット規制については，漁業法の改正―例えば，目的に環境配慮を規定し，環境配慮を許可及び免許の要件とすること―は必要か。漁業法においても環境配慮は禁止されていないとの解釈が受け入れられるとしても，法目的の改正が望ましいと考える。水産資源の毀損等の人間への被害はないが生態系への

---

[25] 緒方・前掲注(11)55-56頁。

[第Ⅱ部 コメント]

影響を回避ないし緩和する，水産資源への影響は若干あるが生態系への影響を回避ないし緩和するためには，既存の規定では不十分である。

また，アウトプット規制であるTAC法については，少なくとも，堀口論文が指摘するような運用改善に加えて，法改正による個別割当（IQ）の導入まで必要であり，譲渡可能個別割当（ITQ）の導入が望ましい。IQまたはITQの導入が行われた場合には，TAC法におけるIQまたはITQから逆算して漁業権に基づく漁業（10条）・個別許可（52条1項・66条1項）の運用を変更することによって，インプット規制とアウトプット規制を結び付ける必要がある。

なお，冒頭でも述べたが，2018年12月には，TAC法を漁業法に統合するという漁業法の大改正が行われた。改正後の漁業法の評価は別稿に譲ることとしたい。

第5章

国内法の観点から
―― 違法漁業の規制に焦点をあてて ――

田中良弘

I　はじめに

　違法漁業の規制についても，わが国における他の行政法規と同様[1]，その実効性確保の中心を担うのは行政刑罰である。しかしながら，わが国の行政刑罰については，立法上の多用傾向に反して，一部を除き実際に適用されることが少なく機能不全に陥っているとの指摘がなされており[2]，漁業資源管理に関する諸法律（以下「漁業関連法」という）における刑罰規定についても，十分に機能しているとは言いがたい[3]。特に，違法漁業規制に関する刑罰規定については，行政刑法に共通する執行上の問題点[4]のほか，①国際法と国内法の交錯，②環境法上の原則と刑法理論との抵触，③刑事実務における違法漁業摘発の困難性といった特有の問題点も，その執行を妨げる要因であると考えられる[5]。

---

[1]　わが国の行政法規における実効性確保手段の概要については，塩野宏『行政法 I（第 6 版）』（有斐閣，2015 年）243-276 頁，宇賀克也『行政法概説 I（第 6 版）』（有斐閣，2017 年）219-272 頁を参照されたい。

[2]　田中良弘『行政上の処罰概念と法治国家』（弘文堂，2017 年）9 頁。学説の整理につき，西津政信『行政規制執行改革論』（信山社，2012 年）153 頁参照。

[3]　北村喜宣「厳罰化の目論見と予期せざる現実（二・完）―― 漁業法改正による罰則強化後における漁業関連法令の執行」自治研究 95 巻 3 号（2019 年）35 頁以下参照。

[4]　田中・前掲注(2) 9 頁以下参照。

[5]　本書の性格上，本稿においては内水面漁業については取り上げない。内水面漁業に関する実効性確保については，田中良弘「環境犯罪の訴追と環境法の実効性確保」鈴木庸夫先生古稀記念『自治体政策法務の理論と課題別実践』（第一法規，2017 年）308-322 頁を参照されたい。

[第Ⅱ部 コメント]

　そこで，本稿においては，国内法における違法漁業規制に焦点をあて，わが国の漁業関連法のうち刑罰規定を有する主な漁業関連法として，漁業法（昭和24年法律第267号），水産資源保護法（昭和26年法律第313号），外国人漁業の規制に関する法律（昭和42年法律第60号。以下「外国人漁業規制法」という），排他的経済水域における漁業等に関する主権的権利の行使等に関する法律（平成8年法律第76号。以下「EEZ漁業法」という）及び海洋生物資源の保存及び管理に関する法律（平成8年法律第77号。以下「TAC法」という）を取り上げ，第Ⅰ部で取り上げられた各論点を踏まえ，実効性確保の観点から，上述した漁業関連法の刑罰規定に特有の問題点について検討を加えることとしたい。

　なお，本書の基となった2018年度国際法学会における分科会後の2018年12月8日に改正漁業法が成立しているが（平成30年法律第95号），施行前であることから，本稿では，特に断りのない限り現行法によることとする。

Ⅱ　国際法と国内法の交錯

1　漁業関連法の目的

(1) 漁業関連法の目的規定

　わが国における漁業関連法は，漁業資源管理に関する条約の国内担保法としての側面を有している。他方，海洋法に関する国際連合条約（平成8年条約第6号。以下「国連海洋法条約」という）の国内実施に関する法整備の一環として制定されたEEZ漁業法及びTAC法を除き，漁業法，水産資源保護法，外国人漁業規制法といった漁業関連法を構成する主要な法律は，本来はわが国の漁業の発展や正常な秩序の維持を目的として制定されたものである[6]。そのため，これらの法律は，必ずしも漁業資源管理に関する国際法の趣旨と完全に整合するものではない[7]。

---

[6]　ただし，外国人漁業規制法の立法過程においては，わが国の漁業秩序の維持を図る目的のほか，漁獲規制を含む二国間条約を遵守する目的も挙げられている（第55回衆議院農林水産委員会（昭和42年5月23日）における久保勘一農林政務次官発言参照）。

[7]　児矢野マリ・本書3頁以下，松本充郎・同115頁以下参照。島村健「環境条約の国内実施──国内法の観点から」論究ジュリスト7号89頁は，「条約の担保法として，既存の法令を用いる場合には，…既存の国内法令の論理や構造が『後から』登場した条約の実施を担保しうるものとなっているか，分析する必要がある」と指摘する。

このような視点から漁業関連法を構成する各法律の目的規定を比較すると，表1のとおり，漁業法，水産資源保護法及び外国人漁業規制法は，いずれも，わが国の漁業の発展や正常な秩序の維持等を目的として掲げている。また，TAC法は，海洋生物資源の保存及び管理を目的規定に掲げているものの，これによって「漁業の発展と水産物の供給の安定に資すること」を目的としており，最終的な目的については従来の漁業関係法と大きく異なるものではない。

これに対し，EEZ漁業法の目的規定は，「海洋法に関する国際連合条約に定

表1　漁業関連法の目的規定

漁業法	この法律は，漁業生産に関する基本的制度を定め，漁業者及び漁業従事者を主体とする漁業調整機構の運用によって水面を総合的に利用し，もって漁業生産力を発展させ，あわせて漁業の民主化を図ることを目的とする。
水産資源保護法	この法律は，水産資源の保護培養を図り，且つ，その効果を将来にわたって維持することにより，漁業の発展に寄与することを目的とする。
外国人漁業規制法	この法律は，外国人がわが国の港その他の水域を使用して行なう漁業活動の増大によりわが国漁業の正常な秩序の維持に支障を生ずるおそれがある事態に対処して，外国人が漁業に関してする当該水域の使用の規制について必要な措置を定めるものとする。
TAC法	この法律は，我が国の排他的経済水域等における海洋生物資源について，その保存及び管理のための計画を策定し，並びに漁獲量及び漁獲努力量の管理のための所要の措置を講ずることにより，漁業法…又は水産資源保護法…による措置等と相まって，排他的経済水域等における海洋生物資源の保存及び管理を図り，あわせて海洋法に関する国際連合条約の的確な実施を確保し，もって漁業の発展と水産物の供給の安定に資することを目的とする。
EEZ漁業法	この法律は，海洋法に関する国際連合条約に定める権利を的確に行使することにより海洋生物資源の適切な保存及び管理を図るため，排他的経済水域における漁業等に関する主権的権利の行使等について必要な措置を定めるものとする。

[第Ⅱ部 コメント]

める権利を的確に行使する」という従来の漁業関連法の目的規定にはなかった観点を明示した上で、「海洋生物資源の適切な保存及び管理」を最終的な目的として掲げている。

なお、改正漁業法の目的規定[8]は、現行法にあった「漁業の民主化」を削除するなど大きく変更されたものの、最終的な目的として漁業生産力の向上を掲げている点については現行法と同じである。

(2) 法令の目的と刑罰規定の適用

刑罰の執行は、国家の統治権の作用として国内法体系の下で行われるものであり、かつ、刑罰規定の解釈については、罪刑法定主義という憲法上の要請から文言解釈が強く求められる。そのため、国内担保法であっても、条約締結に伴う法整備の段階で国際法の趣旨が明文で規定されていない限り、国際法の趣旨を読み込んで刑罰規定を解釈することは困難である。また、刑罰規定の適用段階においても当該規定を定める法令の目的は考慮されるべきであり、実際の刑事裁判例においても、量刑の判断にあたり当該法令の目的規定が参照されることは少なくない。このような視点から漁業関連法の目的規定を比較した場合、前述のように、漁業法・水産資源保護法・外国人漁業規制法には、TAC法・EEZ漁業法と異なり、目的規定に国際法の実施や水産資源の保護といった観点が明示されていないため、刑罰規定の適用にあたり、これらの観点を過度に重視することはできない。このことを示す裁判例として、さんご密漁事件に関する一連の下級審判決がある。

2014年に発生した一連のさんご密漁事件は、小笠原諸島及び伊豆諸島周辺のわが国領海内において、密漁船団による大規模な宝石さんごの乱獲が行われ、海上保安庁によって摘発された中国人らがそれぞれ外国人漁業規制法違反で起訴されて有罪となった事案である。当該事件に係る裁判例のうち、横浜地判平成27年3月23日LEX/DB25447202及び横浜地判平成27年4月9日LEX/DB25506271は、外国人漁業規制法の目的（わが国漁業の正常な秩序の維持）を参照し、被告人の行為は悪質であるものの、わが国の漁業に悪影響を与えたこ

---

[8] 改正漁業法1条「この法律は、漁業が国民に対して水産物を供給する使命を有し、かつ、漁業者の秩序ある生産活動がその使命の実現に不可欠であることに鑑み、水産資源の保存及び管理のための措置並びに漁業の許可及び免許に関する制度その他の漁業生産に関する基本的制度を定めることにより、水産資源の持続的な利用を確保するとともに、水面の総合的な利用を図り、もって漁業生産力を発展させることを目的とする。」

と以外の点については，外国人漁業規制法の趣旨に照らすと量刑上過度に重視することはできないと判示した[9]（いずれも，被告人に対し懲役1年6月・5年間執行猶予及び罰金400万円並びに漁具等の没収を言い渡している）。

2 漁業関連法における刑罰規定の法定刑

(1) 法定刑

漁業関連法の刑罰規定において，違法漁業それ自体を対象とするものは，表2のとおりである[10]。最も法定刑の重い①外国人（法人等を含む。以下同じ）によるわが国領海内における漁業等（漁業又は水産動植物の採捕をいう。以下同じ）についても，刑の上限は3年の懲役と3000万円の罰金の併科であり，全体を通じて懲役刑の上限は3年である。なお，違法漁業の取締りに関しては漁業調整規則に定められる罰則規定（漁業法65条3項及び水産資源保護法4条3項参照）も重要な役割を担っているが，本稿では取り上げない。

---

[9] これに対し，横浜地判平成27年4月7日LEX/DB25506201は，量刑の理由において，「被告人がわが国の漁業秩序を阻害することが著しく，犯行態様が漁業資源及び周辺の環境に深刻な影響を及ぼすものであるなど，その違法性が相当程度に大きいものであって，動機が利欲目的であることからしても，強い非難を免れない」として，量刑判断にあたり，漁業資源及び周辺の環境への悪影響を考慮している。しかしながら，当該裁判例も，犯情として第一に「わが国の漁業秩序を阻害することが著し〔い〕」ことを挙げて本文中で紹介した2つの裁判例と同様の主文を言い渡していることからすれば，犯行態様の悪質性の評価にあたり漁業資源や環境への悪影響を考慮したにとどまり，漁業資源や環境を独立した保護法益としたものではないと考えるべきであろう。

なお，領海内における外国人による漁業等の禁止に係る法定刑の罰金額が400万円から3000万円へと大幅に引き上げられた後の同種事案について，横浜地判平成27年5月27日LEX/DB25447331は，上記法改正に係る立法者意思は量刑判断にあたり十分に尊重される必要があるとして，密漁船の船長であった被告人に懲役1年（実刑）及び罰金1000万円並びに漁具等の没収を言い渡したが，量刑の理由としては「本件犯行は，わが国領海内の漁業の正常な秩序を著しく害する悪質な行為といえる」と述べるにとどまり，資源や環境への影響については特に言及していない。

[10] その他の漁業関連法における刑罰の対象行為として，違法に採捕した水産動植物の所持・販売（水36条2号・7条），輸入防疫対象疾病にかかるおそれのある水産動物であって農林水産省令で定めるものの無許可輸入（水36条の2・13条の2第1項），漁業権の貸付（漁141条1号・29条），各種の検査忌避・報告義務違反（漁141条2号・74条3項，水40条1号・13条の5第1項，外9条の3・6条の2第1項，E18条の2・15条の2第1項，T24条2号・18条1項）等がある（法律名は表2の凡例による）。なお，IUU漁業規制に関する刑罰規定については本文表3を参照されたい。

[第Ⅱ部 コメント]

表2 違法漁業に関する刑罰規定（両罰規定及び没収規定を除く）

対象行為	根拠条文	法定刑
①外国人によるわが国領海内における漁業等	外8条の2・3条	3年以下の懲役若しくは3000万円以下の罰金又はその併科
②各種の違法漁業・違法採捕等[11]	漁138条各号，水36条各号	3年以下の懲役又は200万円以下の罰金 ＊情状により併科（漁142条，水39条）
③漁獲管理のための採捕停止・制限違反	T22条1号・10条，同条2号・11条5項	3年以下の懲役若しくは200万円以下の罰金又はその併科
④漁業調整のための採捕禁止・制限等に関する指示命令違反	漁139条・67条11項	1年以下の懲役若しくは50万円以下の罰金又は拘留若しくは科料 ＊情状により懲役と罰金を併科（漁142条）
⑤内水面におけるさけの無許可採捕	水37条2号・25条	1年以下の懲役又は50万円以下の罰金 ＊情状により併科（水39条）
⑥外国人によるわが国EEZ内禁止海域における漁業等	E17条の2・4条1項	3000万円以下の罰金 ＊許可に係る制限・条件違反及び停止命令違反については，1000万円以下の罰金（E18条2号・12条・5条1項，18条3号・13条1項）
⑦外国人によるわが国EEZ内（禁止海域を除く）における無許可漁業等	E17条の2・5条1項	

＊漁：漁業法，水：水産資源保護法，外：外国人漁業規制法，T：TAC法，E：EEZ漁業法

(11) 改正漁業法は，特定水産動植物（財産上の不正な利益を得る目的で採捕されるおそれが大きい水産動植物であって当該目的による採捕が当該水産動植物の生育又は漁業の生産活動に深刻な影響をもたらすおそれが大きいものとして農林水産省令で定めるもの）の採捕並びに特定水産動植物又はその製品の運搬，保管，取得及び処分の媒介・あっせんについて，3年以下の懲役若しくは3000万円以下の罰金又はその併科を定めており，罰金刑の最高額が外国人漁業規制法やEEZ漁業法と同じ3000万円に引き上げられている（改正漁業法189・194条・132条1項）。

(2) 法定刑の比較からみた違法漁業の位置づけ

　違法漁業の罪の法定刑を刑法犯と比較した場合，窃盗（刑法235条。法定刑は10年以下の懲役又は50万円以下の罰金）や単純横領（刑法252条1項。5年以下の懲役）より法定刑が軽く，懲役刑に関しては，業務妨害（刑法233条後段，234条。3年以下の懲役又は50万円以下の罰金）や器物損壊（刑法261条。3年以下の懲役又は30万円以下の罰金若しくは科料）と同じ法定刑である。また，他の違法捕獲の罪と比較した場合，種の保存法[12]の定める国内希少野生動植物種等の違法捕獲（同法57条の2第1号・9条。5年以下の懲役若しくは500万以下の罰金又はその併科）より法定刑が軽く，鳥獣保護法[13]の定める鳥獣等の違法捕獲（同法83条1項1号・8条。1年以下の懲役又は100万円以下の罰金）より重い。

　このように，法定刑に関する限り[14]，漁業関連法は，違法漁業について，他人の財産を不正に領得する行為（窃盗や横領）よりも軽く，他人の財物を不正に毀棄する行為（器物損壊）や他人の業務を不正に妨害する行為（業務妨害）と同程度と位置づけているということができる。同じく，法定刑に関する限り，漁業関連法は，違法漁業について，絶滅のおそれのある野生動植物の捕獲（種の保存法上の違法捕獲）より軽く，野生鳥獣の捕獲（鳥獣保護法上の違法捕獲）より重いものと位置づけているということができよう。法定刑をどのように定めるかについては様々な観点から慎重に検討する必要があるが，少なくとも，漁業資源に対する侵害の程度にかかわらず一律に懲役刑の上限を3年と定めることは，捜査機関の取締りに対する動機づけ[15]や威嚇効果[16]の点で問題があるように思われる[17]。

---

[12]　絶滅のおそれのある野生動植物の種の保存に関する法律（平成4年法律第75条）。

[13]　鳥獣の保護及び管理並びに狩猟の適正化に関する法律（平成14年法律第88号）。

[14]　もとより，法定刑の比較のみから直ちに当該行為の罪質を導くことはできないことは当然である。一例として，札幌高判平成28年11月18日判時2332号90頁は，著作権侵害の罪（著作権法119条1項。法定刑は10年以下の懲役若しくは1000万円以下の罰金又はその併科）の罪質に関し，著作権侵害は，産業政策的な目的から保護されている著作物に対する侵害行為である点において，最も典型的・古典的な自然犯である窃盗とはその性質が大きく異なると判示して，著作権侵害の罪の懲役刑の上限が窃盗と同じであることを重視して窃盗に関する懲戒基準を準用することを認めた原判決を取り消し，違法コピーしたソフトウエアをインターネットで販売したことを理由とする懲戒免職処分を取り消した（両判決を取り上げるものとして，田中良弘「著作権侵害罪の罪質と公務員の懲戒処分（下）」特許ニュース14464号（2018年）1頁。島田裕子「判批」判例評論708号168頁も参照）。

[第Ⅱ部 コメント]

Ⅲ　環境法上の原則と刑法理論との抵触

　第Ⅰ部の各論文において指摘されたように，漁業資源管理においても予防的アプローチ及び生態系アプローチが重要であるとされ，漁業資源管理に関する国際法において取り入れられている[18]。しかしながら，わが国の漁業関連法にはこれらの考え方を明示的に取り入れた規定は乏しく，わずかに水産基本法（平成13年法律第89号）や海洋基本法（平成19年法律第33号）に生態系や生物多様性に配慮した規定が存在するにとどまる。このことは，漁業資源管理に関する国際法と国内法との不一致を示すものであり，前述したように，国際法の国内実施における行政刑罰による実効性確保を困難なものとしている[19]。これに加え，予防的アプローチ及び生態系アプローチは，いずれもそのアプローチそのものが近代刑法の基本原則である法益保護主義と整合的でない面があり，このことも，漁業資源管理に関する国際法の国内実施を困難なものとしている一因であると考えられる。以下，若干の検討を加えることにする。

---

[15]　重罰化が捜査機関の取締意欲を高めることにつき，北村・前掲注(3)146頁参照。

[16]　罰金刑については，違法行為による利得が罰金額を上回る場合には威嚇効果に乏しいことが指摘されており，罰金を支払い釈放された外国人船長が再び密漁により逮捕された事例も報告されている（第187回衆議院農林水産委員会（平成26年11月12日）における武部新衆議院議員発言参照）。なお，EEZ漁業規制法違反についてはボンド制度による早期釈放が認められていることに関しても（同法24-27条），刑罰の威嚇力の観点からは問題である旨の指摘がなされている。

[17]　筆者は行政法規違反の安易な犯罪化や重罰化には反対の立場をとるが，このことは，実効性確保の観点から行政刑罰を活用することを否定するものではない。現実に執行可能であり，かつ，法益侵害の程度が重大であるものについては，比例原則の範囲内で適切な法定刑を定めるべきであろう（田中・前掲注(2)192頁以下参照）。なお，刑罰の抑止力は法定刑の重さそれ自体とは関連性が低く，実効性確保の観点からは処罰の確実さが重要である点に留意が必要である（松原芳博「リスク社会と刑事法」法哲学年報2009年87頁以下参照）。

[18]　詳細につき，堀口建夫・本書33頁以下及び大久保彩子・同69頁以下参照。

[19]　増沢陽子「化学物質規制に関する国際条約の国内実施——ストックホルム条約の実施と国内法への影響」論究ジュリスト7号34頁以下は，条約と国内担保法との不一致の背景に，「条約締結にあたり必要な『担保法』が整備されていると言うには，現に存在する又は予想されうる条約上の具体的な義務…が履行可能であることで足り，条約の義務規定の構造や規制方式と，国内法のそれとが完全に一致するまでの必要はないという考えがあるように思われる」と指摘する。

1 予防的アプローチと法益保護主義

 一般に，刑法の任務は法益の保護にあるとされ（法益保護主義），法益の侵害やその危殆を伴わない行為に対して刑罰を用いることは許されないと考えられている（法益の立法批判機能）[20]。ここでいう法益侵害の危殆とは，実害に準じるものとされ[21]，単なる危険や可能性では足りないことから，不確実なリスクを有する行為を直接に刑罰の対象とすることは，上記の刑法理論と抵触するおそれがあり，また，犯罪構成要件の明確性を要請する罪刑法定主義の観点からも問題となる。このような問題を克服するため，行政刑法においては，犯罪構成要件を行政作用によって画定し，行政基準違反や行政命令違反を刑罰の対象とする方法が用いられている[22]（刑法の行政従属性）。

 この方法は，刑罰規定に予防的アプローチの考え方を取り入れることを可能とする点において有益であるが，形式的には行政不服従に対して刑罰を用いるものであるため，それを正当化するに足りる行政作用の信頼性を確保することが重要となる[23]。これらの形式の犯罪構成要件を用いる場合であっても，法益の侵害またはその危殆と無関係の純粋な行政不服従について刑罰を用いることは許されないと解すべきであり[24]，かつ，一定の合理性を備えた基準策定プロセスないし行政命令プロセスが求められよう。

2 生態系アプローチと法益保護主義

 前述のように，法益の侵害やその危殆を伴わない行為に対して刑罰を用いることは許されないと考えられているが，法益は多義的な概念であり，法益の内容が画定されていなければ，法益の立法批判機能が形骸化するおそれがある。

---

[20] 小林憲太郎「『法益』について」立教法学85号（2012年）485頁以下。法益の意義と役割につき，嘉門優『法益論――刑法における意義と役割』（成文堂，2019年）参照。
[21] 島田聡一郎「リスク社会と刑法」長谷部恭男編『法律からみたリスク』（岩波書店，2013年）13頁。
[22] 行政基準違反の例として大気汚染防止法（昭和43年法律第97号）上のばい煙排出制限違反（同法33条の2第1号・13条1項），行政命令違反の例として，漁業調整のための指示命令違反（表2④）がある。なお，刑罰に関するものではないが，国際法における予防的アプローチの具体化手法としての規制を紹介するものとして，児矢野マリ「環境リスク問題への国際的対応」前掲『法律からみたリスク』110頁以下。
[23] 島田・前掲注(21)20頁以下。
[24] 田中・前掲注(2)190頁参照。

[第Ⅱ部 コメント]

そのため，刑法が保護する法益を個人や社会の利益と一定の関係のあるものに限定する見解が一般的であり，生態系それ自体を保護法益として刑罰規定を設けることは，法益保護主義と抵触するおそれがある。その一方で，1960年代以降の環境に対する意識の変化を背景に[25]，環境保護のために刑罰を活用すべきであるとの主張がなされており，現在では，人間の生活の基盤となる生態系に限って刑法的保護の対象とする生態学的・人間中心的法益論が通説的見解となっている[26]。

他方，前述のように，わが国の漁業関連法には生態系アプローチを明示的に反映した規定は少なく，刑罰規定の適用にあたり生態系の保護という観点を重視することは，現行法の下では困難であると言わざるを得ない（前述のさんご密漁事件の各裁判例参照）。国際法の国内実施について刑罰による実効性確保を図る観点からは，漁業関連法におけるわが国の漁業の発展や正常な秩序の維持という従来からの目的に加え，その基盤となる生態系の保護という観点を法文上明示することが重要であると思われる[27]。

Ⅳ　違法漁業摘発の困難性

1　実務上の問題点

違法漁業は，広大な海面・内水面において行われるため，その取締りには人的・物的に限界が存在する。また，その高い収益性から組織的かつ巧妙に行われることも多く，悪質性の高いものほど摘発が難しいことが指摘されている[28]。このような特徴から，違法漁業そのものに刑罰を科すことでその抑止を図ることには限界があるため，経済犯罪としての側面が強い大規模な違法漁業を抑止するには，違法漁業によって得られた漁獲物の流通を阻止することで違法漁業の経済的インセンティブを低下させることも重要となる。

---

[25] 児矢野・前掲注(22)91頁は，1960年代以降の環境問題の深刻化を背景に「人間社会を支えるために健全に維持されるべき『環境』という観念」が登場した，と指摘する。
[26] 島田・前掲注(21)19頁以下。田中・前掲注(2)148頁以下も参照。
[27] この点に関し，現行漁業法の直罰規定は，違法に漁業を営む行為をその対象としているのに対し（現行漁業法138条各号），改正漁業法は，業として行ったか否かにかかわらず違法な採捕行為それ自体を刑罰の対象とする直罰規定を設けており（改正漁業法189条1号，同法190条1号），水産資源の保護の観点を重視している点が注目される。

2 違法漁獲物の流通防止

違法漁獲物の流通防止のための刑事法的手法として，①わが国への違法漁獲物の持込みと②国内における違法漁獲物の流通・販売を刑罰の対象とすることが考えられる。後者（②）については，水産資源保護法や漁業調整規則によって違法漁獲物の所持・販売に対して刑罰を定めることが行われているが[29]，漁獲物に関するトレーサビリティ制度[30]が整備されていない現状においては，適法に採捕された漁獲物と違法漁獲物の区別は困難であり，故意犯である違法漁獲物の所持・販売に対し，実際に刑罰規定を適用することは容易ではない。そのため，海面で行われる違法漁業については，①わが国への違法漁獲物の持込みを阻止することがより重要となる[31]。この点に関し，外国人漁業規制法及びEEZ漁業法の定める寄港規制違反及び転載等禁止違反に対する刑罰規定（表3参照）が注目されるが，これらについても違法漁業と同様に摘発が困難であり，より実効性の高い規制のための法整備が今後の課題である[32]。

---

[28] 北村・前掲注(3)43頁参照。なお，海上保安庁「平成30年の海上犯罪取締りの状況」(https://www.kaiho.mlit.go.jp/info/kouhou/h31/k20190116/k190116-4.pdf（2019年2月7日最終閲覧。以下同じ））によれば，平成30年に摘発された漁業関連法令違反の送致件数2350件の内訳は，国内密漁事犯が2307件，外国人漁業が4件，その他形式犯が39件であった。同「平成29年の海上犯罪取締りの状況」(http://www.kaiho.mlit.go.jp/info/kouhou/h30/k20180124/k180124-1.pdf) 3頁は，摘発された国内密漁事犯の多くが比較的悪質性の低い個人消費目的の事案とみられることを指摘する。

[29] 水産資源保護法36条2号・7条。漁業調整規則の規定の例として，北海道海面漁業調整規則35条5項，36条の2第3項，39条2項及び42条の3は，違法に採捕された漁獲物の所持・販売を禁止し，同法55条1項1号において，これらの規定に違反した者は，6月以下の懲役若しくは10万円以下の罰金に処し，又はこれを併科する旨を定めている。なお，改正漁業法においても，違法に採取された特定水産動植物又はその製品を「情を知って」運搬・保管・取得・処分の媒介又はあっせんをする行為について，刑罰が定められている（同法189条2号）。

[30] わが国において食品のトレーサビリティ制度を定めるものとして，米トレーサビリティ法（米穀等の取引等に係る情報の記録及び産地情報の伝達に関する法律（平成21年法律第26号））及び牛トレーサビリティ法（牛の個体識別のための情報の管理及び伝達に関する特別措置法（平成15年法律第72号））がある。

[31] IUU漁業対策としての寄港国措置については，鶴田順・本書91頁以下を参照されたい。

[32] 鶴田・前掲注(31)110頁参照。

[第Ⅱ部 コメント]

表3 外国人漁業規制法及びEEZ漁業法上の寄港規制・転載違反に対する刑罰規定

対象行為	根拠条文	法定刑
①外国漁船の無許可寄港	外9条・4条1項	3年以下の懲役若しくは3000万円以下の罰金又はその併科
②外国漁船の特定漁獲物等の陸揚げ・転載目的寄港	外9条・4条の2	
③外国漁船の退去命令違反	外9条・5条	
④外国漁船のわが国の水域（港の水域を除く）における漁獲物等の転載等	外9条・6条	
⑤外国漁船のEEZ内禁止海域のうち特定海域における漁獲物等の転載等	E18条1号・4条2項・同条1項1号	1000万円以下の罰金

＊外：外国人漁業規制法，E：EEZ漁業法

Ⅴ　おわりに

　違法漁業の抑止については行政・司法・民間（漁業関係者）による様々な手法が考えられるが[33]，最終的には刑罰による威嚇効果に頼らざるを得ない側面がある。他方，単に刑罰の対象行為を増やすこと（犯罪化）や法定刑を引き上げること（重罰化）のみでは威嚇効果は担保されないため，実効性の確保のためには確実な刑罰の執行が肝要となる[34]。しかしながら，これまで述べてきたように，わが国の漁業関連法の刑罰規定については，その執行を困難なものとするいくつかの問題点が存在する。国際法の国内実施の実効性確保の観点からは，わが国漁業の保護・発展を主たる目的とする国内法の目的規定を見直すこと及び刑法理論との整合性や執行の可能性・容易性に配慮した法整備を行うことが求められよう。最後に，違法漁業に限らず，グローバル市場の下で違法行為に対する経済的インセンティブを低下させるには，違法行為によって得られた物の流通防止のための国際規制が重要となる。このような国際規制の実効性確保において，ドメスティックな性格を有する刑罰がいかなる役割を果たすこ

---

(33)　北村喜宣『行政法の実効性確保』（有斐閣，2008年）266頁以下参照。
(34)　松原・前掲注(17)87頁以下参照。

とができるかについては，今後の重要な検討課題である。

【付記】
　本稿は，①JSPS 科研費「グローバル化時代における海洋生物資源法の再構築 —— 国際・国内法政策の連関の視点から」（課題番号 16H03570，研究代表者：児矢野マリ北海道大学教授）のほか，②同「地球環境ガバナンスとレジームの変動：CITES の発展・変容と国内実施」（課題番号 17K03509，研究代表者：遠井朗子酪農学園大学教授），③同「行政罰に関する統一的法理論の確立に向けた行政罰各論の日独比較法研究」（課題番号 18K12625，研究代表者：田中良弘），④同「行政の実効性確保法制の整備に向けた総合的研究 —— 統一法典案策定の試み」（課題番号 19H01414，研究代表者：高橋滋法政大学教授）及び⑤同「環境法の実効性確保システムの改革に向けた法執行過程の総合的実証研究」（課題番号 19H01438，研究代表者：北村喜宣上智大学教授）による研究成果の一部である。

第6章

行政学の観点から
―― 漁業資源管理の構造と変化 ――

久保はるか

I　はじめに

　日本における漁業資源管理の体制は強固な構造を有していたと言えるが，昨今の国際条約や国内の規制改革の実現のための法制度の改変は，従来の日本の資源管理を構造面から変えようとしているようである。本稿では，漁業資源管理体制の構造変化について分析を加えつつ，第Ⅰ部論文へのコメントとしたい。なお，本稿は，2018 年 12 月に成立した改正漁業法以前の漁業法体制を主たる検討対象としている。

　日本における漁業法に基づく資源管理は，漁業者による自主的な資源管理を基本とする分権的かつ非統制的な構造を有し，新規参入の少ない閉鎖的な規制空間において，既得権益保護のための現状維持的な運用がなされてきたといえる。これらのキーワードで表される既存の構造に対して，条約が求める資源管理は行政の統制を強めるトップダウン型の規制手法（TAC 制度）であった。国内でも，内閣主導によるトップダウンで規制改革が進められ[1]，水産庁においても漁業法の見直しが進められたが，いずれも漁業資源管理への行政統制を強める方向性が示された。例えば，従来の閉鎖的な規制空間に対しては，事実上の参入規制を緩和させる方向が示されるなど，既存の構造そのものに変更をもたらすか，ないしは既存構造との不整合が生じる可能性を孕むものであった。

---

(1) 内閣に内閣総理大臣を本部長とし国務大臣で構成される「農林水産業・地域の活力創造本部」，内閣府に有識者委員による「規制改革推進会議水産ワーキング・グループ」などを設置して水産政策の改革を進めるトップダウン型の合意形成。

[第Ⅱ部 コメント]

他方で，沿岸漁業者の全国組織が設立されるなど（全国沿岸漁民連絡協議会）[2]，漁業者間で情報ネットワークや主体間関係が構築されつつある現状は，トップダウンとは逆の方向からのボトムアップの動きと見ることができる。さらには，漁業者等が現場レベルで国際的な規範を直接受容，共有し（組織化による共有が有効），規範に則ったルールを形成する方向への変化を生む可能性を指摘したい。そこでは，規制緩和による新規参入者がボトムアップの規制空間において規範を受容，共有しうるかという新たな問題を惹起する可能性もある。このように分散的かつボトムアップで形成される規制空間における行政の役割を見直すことも，資源管理の実効性・有効性を確保するために重要となるであろう。

Ⅱ　既存の漁業資源管理体制の構造

1　既存の構造

　分権的な漁業資源管理の法体制（規制空間）は，戦後占領期に行われた漁業の民主化の過程で確立したといえる。分権的な規制空間というのは，国（水産庁）が現場の資源管理に対して監督指導する体制とは異なり[3]，法制度上，規制空間の中心に位置するのは漁業調整委員会（都道府県ごとに各海区（全国64の海区）に設置される海区漁業調整委員会，広域漁業調整委員会，連合漁業調整委員会）となる。しかし，実際のルール形成において，漁業調整委員会は受身的であるとされる。沿岸漁業においては漁協を中心とする漁業者組織の自主規制が，沖合の許可漁業においても資源管理の運用上自主管理の要素が強く働いてきたからである。加えて漁業権漁業・許可漁業が新規漁業者の参入障壁として機能したことで，閉鎖的な体制が定着し，行政が既得権益を保護して漁獲量管理に消極的姿勢を示すという行政文化が醸成されたため，それが適切な漁業資源管理を妨げてきたと批判されてきた。

　このような分権的かつ自主的な資源管理体制においてとられた資源管理手法

---

(2) 各地区まき網漁業協会等沖合漁業の業界団体が政治的な影響力を有するのに対して，漁業経営体の96％を占める家族経営等小規模で営む沿岸漁業者の意見が政策過程に反映されないことを問題視し，沿岸漁業の声を政治行政に届けることを目的に設立された沿岸漁民の全国組織。2015年に準備会合を経て発足した。

(3) 例えば，赤嶺淳『ナマコを歩く』（新泉社，2010年）139-140頁の記述。

が，漁船の隻数・トン数・馬力数制限等による投入量調整を行うインプット・コントロールと，産卵期の禁漁や漁具などを規制するテクニカル・コントロールであった。しかしこれによっては漁獲量そのものをコントロールすることができないことと，分権的，自主的かつ現状維持的な資源管理体制の性質と合わさって，乱獲を防ぐことができなかったと評価されている。そこで，行政による公的管理を強化し，漁獲量そのものを制限するアウトプット・コントロールの方向が目指されることとなった。

2　TAC法によって変化がもたらされたか

　海洋生物資源の保存及び管理に関する法律（TAC法）（1996年制定。2018年改正漁業法に統合されるに伴い，廃止される。）は，国連海洋法条約の締結において，国連海洋法条約61条を国内で実施するための担保法として制定されたものである。公的管理の強化とアウトプット・コントロールの導入をもたらすもので[4]，構造変化の一つの契機となりえた。しかし，これによって既存の資源管理のための規制空間に変化がもたらされたか，という点に関して言えば，漁業法に基づく既存のインプット・コントロールを柱とする従来の漁業法の規制空間に，漁獲量を管理するアウトプット・コントロールを基本とするTAC法を追加する形がとられたため，抜本的な構造変化は起こらなかった。一方で，インプット・コントロールとアウトプット・コントロールの共存によって混乱を内在化させることとなり，これらの矛盾・不整合がTAC法を全面適用できない（強制規定を除外）理由とされてきた[5]。

　TAC法の対象とされたのは，漁獲量が多く経済的価値が高いなどの選定基準に当てはまる7魚種（2018年にクロマグロが追加され8魚種となった）[6]である。EEZ内のこれらの漁獲のうち主たるものは沖合漁業（ただしスケトウダラは2割弱が遠洋漁業）であり，国が直接管理する大臣許可漁業[7]と都道府県単位で管理する知事許可漁業[8]に分けられる。その他の魚種については，9魚種[9]が漁獲努力可能量制度の対象として指定され，インプット・コントロール[10]によ

---

(4)　例えば，漁業経済学会編『漁業経済研究の成果と展望』（成山堂書店，2005年）64頁。
(5)　小野征一郎編著『TAC制度下の漁業管理』（農林統計協会，2005年）277頁。
(6)　自主的な取組みとして漁獲枠を設けてきたクロマグロが，2018年からTAC法の対象魚種に追加され，合計8魚種となった。
(7)　国が直接管理する漁業で，大中型まき網漁業はこれにあたる。

[第Ⅱ部 コメント]

り管理されている。

　これらTAC制度において行政が公的管理主体として関わる場面は，漁獲量の決定や計画の策定などに限られているといえる。TAC制度は漁獲量の設定，漁獲量の報告と確認を定めるもので，管理方法に関する法制度上の特段の定めはなく，例えば「小型魚漁獲，灯船等の光力規制といったTAC管理の課題は残されたままである」[11]という指摘があるところである。制度の実施においても自主的取組の性格が強く，漁獲可能量の配分を漁業者団体において行っていたり，自主的取組として個別割当を行っているなど，管理の実施が漁業者団体に委ねられている実態が観察される。魚種によって，業界団体による生産調整の経験に基づいてTAC法に基づく管理を実施してるもの，TAC管理のために新たに漁業者組織を設置したものなど，自主管理の経験の程度は異なるが[12]，全体として漁業者組織や組合による生産調整の延長に位置づけられ，資源管理の視点は弱いとされる。この性質ゆえに，TAC法の罰則規定の適用実績はなく，TAC法実施のために漁業者間で結ぶ協定で罰則規定が設けられている場合でも，厳格な適用を避ける例が多いとされる。このような自主的かつ閉鎖

---

(8)　都道府県が管理する数量が各都道府県に配分される。中型まき網，小型まき網漁業はこれにあたる。国の基本計画に従って都道府県計画（TACの配分計画）が策定される（農林水産大臣の承認）。TACの配分は漁獲実績（農林水産統計，TAC採捕報告等）をもとに比例配分される。従来は，機関委任事務として都道府県知事に委任されていたが，分権改革によって法定受託事務となった。

(9)　①日本海西部海域のあかがれい，②宗谷海峡海域のいかなご，③太平洋北部海域のさめがれい，④瀬戸内海海域のさわら，⑤伊勢湾・三河湾海域のとらふぐ，⑥日本海北部海域のまがれい，⑦周防灘海域のまこがれい，⑧太平洋北部海域のやなぎむしがれい，⑨太平洋南部海域のやりいか。

(10)　『海洋生物資源の保存及び管理に関する基本計画』（平成30年5月31日改訂）によると「第2種特定海洋生物資源ごとの漁獲努力量による管理の対象となる採捕の種類並びに当該採捕の種類に係る海域及び期間並びに漁獲努力可能量に関する事項」が定められる。漁獲努力可能量の設定は，「資源状況等を踏まえて資源の回復を図ることが必要な魚種を対象に，資源管理指針により減船，休漁，保護区域の設定などの漁獲努力量削減措置による効果の阻害となる漁獲努力量の増加を抑制させるために用いる」こととされており，インプット・コントロール手法が用いられている。

(11)　小野編著・前掲注(5)35頁。

(12)　①ズワイガニ・スケトウダラ：これまで実施されてきた自主管理にTAC管理を上乗せ。②サンマ：業界団体による生産調整の前史を持つ。③スルメイカ：TAC管理のために新たな組織作りを必要とした。④サバ類・マアジ・マイワシ：業界組織は存在したがこれといった漁業管理が行われていなかった。（小野編著・前掲注(5)6頁。）

な規制空間において，行政が漁獲量を減らしたくないという漁業者の利益を代弁して既得権益保護に動く結果，TAC 対象業種の漁獲可能量が実績よりも大幅に多い過剰な量で設定され，かつ漁船・漁業者ごとの個別割当（IQ）が設定されないため，早い者勝ちで資源を獲り尽くしてしまう（オリンピック方式）ことが問題として指摘されてきた。確かに，分権的かつ自主的な漁業資源管理の構造においては，コミュニティ単位で管理しうる一定の海域に根付の魚種の管理に，成功例が見出される[13]。一方で，高度回遊魚など魚種によっては，共有資源という問題の構造上，オリンピック方式で観察されるように，ルールの共有化の過程で適切な資源管理の行為準則が成立しにくく，資源を獲り尽くしてしまう可能性がある。

このような漁業資源管理の分権的・自主的かつ閉鎖的な構造は長年に亘って維持されてきた。

3　地先の漁業管理とコミュニティ ── 規範共有の土壌

沿岸漁業では，84 年から「資源管理型漁業」を行ってきたとされるが，ここでも自主管理（コミュニティベース・アプローチ）の管理方式が中心であった。インプット・コントロール＋テクニカル・コントロールを基本的な方法とし，国・都道府県が示す資源管理指針に沿って漁業者が策定する資源管理計画，漁業者間の資源管理協定，内規や申し合わせ等漁業者による自主的な資源管理に委ねられる。

さらに，漁業権が新規漁業者に対する参入への障壁として（参入規制類似）の機能を果たしてきた。これまで容易に参入障壁を撤廃できなかった背景には，漁業権が，住民自治の単位としての漁村コミュニティと結び付いてきた背景がある。村落住民における漁業者の割合が高く，また観光関連産業と漁業とが連結して村落の主要産業となっているような地域においては，新規漁業者は，単にムラの漁場の使用が認められる漁業者であるだけでなく，同時に地域コミュニティの担い手として認められ受け入れられる者でなければならないといった慣習があったと考えられる。このような漁村コミュニティにおいて漁協の果たす役割は幅広く，漁業に関しては市町村行政よりも情報を有しルール形成に携わるとともに，旧来の全村的な機構としてコミュニティの行政を担うような存

---

[13]　新潟県佐渡市赤泊地区のえびかご漁業において，モデル事業を経て 2012 年 5 月から本格的に IQ 資源管理を実施している事例など。

[第Ⅱ部 コメント]

在であったといえる[14]。逆に，漁業者が少数派であるような地域においては，漁業権の参入規制的な機能に対する正当性が認められにくく，漁業権の優先順位の撤廃と養殖などへの民間企業の新規参入は，地域の経済活性化策として受け入れられやすくなるだろう。ただし，地先の漁業資源管理を，これまでどおりコミュニティベースの自主管理体制に委ねるのであれば，やはり新規参入者が規範を共有しルール形成に協力する相手であるのか，充分に精査する必要性は残り，この意味で，一定程度の条件を付すことが求められるのではないだろうか。

4 漁業資源管理の構造と行政文化

上記をまとめれば，従来の管理体制のもとでは，閉鎖的，分権的，非統制的（自主的）管理のもとで，現状維持（既得権益保護）が働く行政文化，現場の意識があり，漁獲可能量をできるだけ多く確保する方向での意思決定がなされてきたといえる。「従来の漁業活動に支障のない配分量を如何に確保するか」ということを大切にする行政文化は，科学的根拠に基づく資源管理を妨げてきた点も指摘される[15]。例えばTAC制度における漁獲可能量の設定においては，生物学的許容漁獲量（ABC）を超え，漁獲量を減らす必要のない量で設定されてきた。また国・都道府県の漁獲量の配分も過去の実績（3年間）に基づいてなされるため，これまでどおりの操業が可能で特段の漁獲管理措置をとらなくてもよい状況となる。

Ⅲ 構造変化の可能性 —— 規制改革と国際規範の受容

1 変化の要因

このような漁業資源管理の構造に変化をもたらしつつある要因を3つに整理して紹介する。第一に，国連海洋法条約の国内担保法として制定されたTAC法の影響である。一部にアウトプット・コントロール及び公的管理の強化をも

---

[14] 鈴木龍也・松本一実「共同的・自主的漁業管理の課題と可能性 —— 舞鶴市野原地区の事例調査から」『龍谷法学』44巻1号（2011年）142頁以下など。

[15] 例えば，小松正之・有薗眞琴『実例でわかる漁業法と漁業権の課題』(成山堂書店，2017年) 249頁以下を参照。

たらしたTAC法によっては，構造変化に至らなかったが，それと連動するように施された国や都道府県による漁業管理のための法制度の拡充によって，漁業の現場で「『自主規制』から『法制度による規制のみ』あるいは『法制度による規制と自主規制』に移行」している様子が観察される[16]。これらの漸進的な変化が，水産庁内で既存の漁業法を見直さなければならないという課題認識を醸成させ，今回の漁業法改正に向けた内発的な動きを起こしたといえる。

　第二に，行政に構造変化をもたらした行政改革が，漁業資源管理の構造変化の遠因となりつつある。とりわけ昨年（2018年）の漁業法改正は，水産庁内の検討の動きと内閣主導によるNPM型改革が相まって進められたといえる。80年代以降のNPM型改革では，行政をスリム化・効率化するために，民間へのアウトソーシングによって行政活動に市場メカニズムを取り入れるとともに，規制緩和・撤廃によって民間企業が自由に競争できる環境を整える方向で改革が行われてきた。地方創生の文脈からも，漁村の活性化を民間企業の参入による経済効果に置き換えて議論がなされたようである[17]。2001年中央省庁改革で，内閣官房に企画立案機能を付与し内閣府を新設するなど，内閣主導性の強化が目指され，トップダウンで政策を立案・推進することが可能となって以降，内閣主導の規制改革の実効性が増した。これらの行政改革による変化は，直ぐに漁業資源管理に影響を及ぼすものではなかったが，今次の改革は，参入規制として機能してきた漁業権の優先順位を廃止することによって，とりわけ養殖（区画漁業権）の民間企業への開放を進める一方で，TAC制度の対象を拡大するとともにIQ方式を導入することによって公的管理の強化を図るもので，内閣主導による規制緩和の流れの上に位置づけられる。

　第三に，他方で，市民セクターの拡大によって，政策プロセスに関与する主体が多様化してガバナンスと呼ばれる状況が生まれている。ガバナンスの元での政策プロセスでは，主体間で一定の行為準則が共有されていて，主体間の相互作用を通じて政策のパフォーマンスを向上させることが期待される。New Public Governance（NPG）と呼ばれる新たな規制空間では，行政に，主体間

---

[16] 2003年と2008年の調査結果から読み取れる変化とされる（農林水産省編『新時代の漁業構造と新たな役割：2008年漁業センサス構造分析書』（農林統計協会，2011年）173頁）

[17] 例えば，国家戦略特区ワーキンググループ議事録（2014年8月19日関係省庁等へのヒアリング：https://www.kantei.go.jp/jp/singi/tiiki/kokusentoc_wg/hearing_s/h260819gijiyoshi02_2.pdf）における議論など。

[第Ⅱ部 コメント]

の相互作用を舵取りする管理者の役割が求められるとする。これは一見，分権的な漁業資源管理の構造と適合的であるように見えるが，これまでの自主的な漁業資源管理では，NPGの規制空間で必要とされる規範の共有や公的機関の管理者としての役割が不充分であり，それゆえに有効な資源管理に資するものでなかった（資源を保全できない）と考えられる。

　このような諸アクターによるボトムアップの動きは，とりわけ国際的な政策プロセス（合意形成）において，政府間交渉の行き詰まり・政府の消極的姿勢（一部の利益集団による既得権益保護）によりトップダウンの国際合意形成が困難である場合に，効果を発揮する。例えば，気候変動問題のように，国家間の利害対立により交渉が膠着し国際環境公益のために充分な対策を国家間合意で構築することが困難な状況で，国家以外の諸アクターが国際環境公益の実現のための行動準則を形成し共同で取り組むという現象や，市場を通じた波及効果（消費者・生産者）・自治体レベルの取り組みとその波及が観察される。

　漁業の分野においても，漁業者／漁業者団体が国際的な規範を現場レベルで受容して共有し，コミュニティルールとして実現させる可能性があり[18]，行政統制を強める一方で，今後もボトムアップ型の資源管理の可能性も探る必要があるだろう。そのように考えると，コミュニティレベルでの国際規範（ここでは例えば予防原則に基づく漁業資源管理）の受容を公的機関が支援する体制づくりを検討しても良いのではないか。市場を通じた規範の形成に関して言えば，MSC認証はその可能性を有すると考えられる。

2　国際規範の受容

　海洋生物の資源管理における国際規範（予防的アプローチ・生態系アプローチ）は国内の漁業資源管理政策及び管理者たる行政の活動に反映されているだろうか。第一に，法令には予防的アプローチの中核的指針に関する言及や不確実なリスクの考慮や制御といった基本的視点が明確に記されておらず（本書堀口論文），国際規範を反映した規定を見出すことは困難である。生態系アプローチについても，計画レベルでは理念の一つとして取り入れられているが，明示的な政策的位置づけが与えられていない（具体的な措置が講じられていない）（本書

---

[18] Steven J Cooke, Cory D Suski, Robert Arlinghaus and Andy J Danylckuk, Voluntary institutions and bevaviours as alternatives to formal regulations in recreational fisheries management, *FISH and FISHERIES*, 14, 439-457; 449.

大久保論文)。

　それでは第二に，法令の規定に表れない行政活動に，予防的アプローチ・生態系アプローチの理念及びそのための手段[19]が用いられているだろうか。本書堀口論文・大久保論文で指摘されたように，予防的アプローチ・生態系アプローチの理念は，行政プロセスに科学的不確実性に対する合理的な意思決定，参加型合意形成（ガバナンス）を取り入れることも含むものであるから，この点についても留意して検証する必要がある。行政活動については，行政が策定に関与する資源管理指針[20]，漁業調整規則（知事許可漁業），漁業権行使規則などで，アプトプット・コントロールの「漁獲量規制」を取り入れている事例（北海道資源管理指針）[21]や研究機関・漁連との連携に基づく技術的助言，水産基本計画でうたう「森，川，海の環境保全」のための事業の実施（海洋保護区，鳥獣保護区の保全と漁業との連結）に取り組んでいる事例が個別にはあるが，全体的な動きとしては現れていない。

　今後，漁獲可能量の科学的根拠を提示する科学者の文化にも見直しが求められるであろう。例えば，過剰に設定されているTACを資源管理上適切な管理に変えるために，予防的アプローチを取り入れた漁獲可能量とすべきであるという観点から考えたときに（本書堀口論文），MSY理論が国際的に発展・普及してから日本国内科学者によって受容されるまで，時間的スパンが必要であったことが観察されることからわかるように，科学者間での規範と理論の受容が重要であるといえる。太平洋くろまぐろのTACについては，条約の下で予防的アプローチに基づき設定された漁獲可能量がそのまま日本の国別漁獲割当量となる点で，ほかのTAC魚種とは異質（本書堀口論文）であるが，国内での配分は従来どおりの発想（実績主義）でなされている。生態系アプローチとの関連でも，漁獲対象種を増やすために豊かな海洋生態系を目指すという考え方に留まり，漁業が生態系に与える影響を軽減させるという発想が生まれにくいことが指摘される（本書大久保論文）。

---

[19] 例えば，予防的アプローチの手段としては，MSYを限界基準値とすることや，利用できる最良の科学的証拠に基づき不確実なリスクを考慮・制御しているかという観点から検証する。
[20] 例えば，北海道漁業管理指針を参照のこと。
[21] 北海道資源管理指針において漁獲量規制（や休漁）の導入を示しているのは，①かにかご漁業，②えびかご漁業，③なまこ（知事許可も共同漁業権も），④ししゃも，⑤ほっきがいけた網漁業，⑥つぶかご漁。

3 現場レベル（漁業者，漁協等組織，自治体行政）での規範の受容と共有化

次に，現場レベルで国際的な規範を直接受容する動きについてはどうだろうか。行政が手続きに関与する公式の規則（漁業権行使規則，管理計画など）ではなく，漁業者と漁協とで話し合い合意したルール（内規・申し合わせ）において，厳しい資源管理を課し，違反に対する罰則を厳格に適用する事例がある[22]。例えば，実効性ある広域的漁業管理組織を構築するために必要な条件を探った事例研究によると[23]，①青壮年部活動が盛んであり漁業管理への主体的な取組が見られること。②漁協，研究機関，行政が漁業管理組織に対して指導・助言・啓発活動を行うとともに，資金・技術協力等支援を行っていること（活動の意義と成就感・自信を持たせる）。③広域的な活動へと広げる人的交流があり，漁協，研究機関，行政が先導役となって広域的な漁業管理組織の枠組み作りに積極的に関わることが条件に挙げられる。そのほか，資源が豊富な海域，広い共同漁業権内で資源管理が可能であること（逆に他地区との合意形成・調整は難しいといえる），漁業者間の経営格差が少ないなどの要因も指摘される。すなわち，規範の共有化には，漁業者による管理組織の設置（とりわけ青壮年部）と主体的活動に加えて，行政・漁協・研究機関による支援・連携が不可欠であり，それによって，予防アプローチ等規範の実践とルールに対する遵守意識の醸成が期待される。

4 今次の漁業法改正に寄せて

これまで述べてきたように，漁業資源管理の構造は強固であったが，今次の改革によって，次のような変化が期待ないし予想され，それは日本の漁業資源管理の構造変化をもたらす可能性がある。第一に，漁業政策プロセスにおいて，水産庁内における漁業法の見直しと内閣主導のトップダウンによる規制改革が相まって，水産政策改革がなされた。それによって，これまでの非統制的かつ自主的な管理を基本とする体制から公的管理の強化によるトップダウン型の管

---

[22] 鈴木・松本・前掲注(14)159頁など。また，漁業権行使規則の罰則規定はかなり厳しいものがあるが，漁業者間の内規で，操業停止などのさらに厳しい罰則を漁業者自ら設けることがある（2018年8月7日，焼尻島の漁師・高松幸彦氏へのインタビューによる）。
[23] 田中史朗「広域的漁業管理組織の成立要件——瀬戸内海西部海域を事例に」『地域漁業研究』50巻2号（2010年）1-25頁。

理体制への移行，これまでのインプット・コントロールを基本とする規制空間からアウトプット・コントロールを基本とする規制空間へと構造変化が予想される。他方で，現場である地元からの意見聴取・ヒアリングが行われず，現場の声を無視した改革であるとの指摘もなされていることを鑑みると[24]，構造変化が現場に浸透するには時間がかかる可能性もある。

　第二に，規制改革によって，漁業権漁業への参入規制として機能してきた漁業権の優先順位ルールを撤廃し，特に養殖業への民間企業の参入を容易にする改革がなされる。これによって地先の漁業資源管理において採られてきた自主的な管理にどのように影響するのか，観察する必要があろう。次に言及するコミュニティ単位での規範の共有とルール形成を促すのであれば，新規参入者が共有の主体となり得るかについて検討が必要となろう。他方で，許可漁業については大きな改変がなく，沖合のまき網漁業のように既に9割が会社経営体である領域では，民間企業の既得権益を守った上で（新規参入による競争化の見込みがない中で），漁獲量に対する公的規制強化の方が進む可能性がある。

　それでは，第三に，現場における規範の受容についてはどうであろうか。今後，漁業者，漁業者団体，地区漁協・漁連レベルで，国際的な規範形成に直接応答する動き・ルール形成が広がる可能性がある。その新しい規制空間において行政（都道府県水産部，海区漁業調整委員会，水産庁）がどのような支援体制を講じ，どのような役割を果たすべきだろうか。直接的規制に加えて支援やインセンティブ付与等様々な手法を合理的に組み合わせた規制制度を構築できるかが重要であるが，今回の改革にはそのような視点が欠けているように思われる。

---

[24] 例えば，全国沿岸漁民連絡協議会のコメントなど。内閣府規制改革推進会議水産ワーキング・グループでは，沿岸漁業者へのヒアリングとして確認できるのは，先進的取組で注目されている「いとう漁協」（2017年10月13日第3回水産ワーキング・グループ）と，大阪市漁協（2018年4月6日第14回水産ワーキング・グループ）の2回である。

第7章

国際政治・外交の観点から
── 日本の水産資源管理の後進性と産官学の構造を問う ──

阪 口 功

I 日本の「後進性」の起源を学術的に問う

　日本は，国際連合や国連食糧農業機関（FAO）漁業委員会の場で発展してきた漁業に関する国際法規（国連海洋法条約，国連公海漁業協定など）の基本原則や国際規範（FAO責任ある漁業に関する行動規範，以下FAO行動規範）を消極的にしか国内に取り込もうとしなかった。国連海洋法条約で規定された最大持続生産量（MSY），国連公海漁業協定およびFAO行動規範で規定された管理基準値（目標管理基準値，限界管理基準値）に基づく資源管理，予防的アプローチなどは，国内の資源管理の基本枠組みとしては取り入れられなかった。総漁獲可能量（TAC）対象魚種（マイワシ，マアジなど7種）[1]においても限界管理基準値（通常加入乱獲[2]を防止する水準に設定）が事実上の目標管理基準値（通常MSYの親魚資源量に設定）として資源管理が行われてきた。そのため生物学的許容漁獲量（ABC）を上回るTACが設定されることも横行していた。また，資源状態が悪化していると見られる状況でも，漁業者の声などに配慮し，予防的にTACを下げるよりも，措置を遅らせる対応をたびたびとってきた。その結果，実際の漁獲量はTACに及ばない状況が続いていた[3]。すなわち，量

---

(1) 国際管理魚種の太平洋クロマグロは2018年からTAC対象魚種に指定。水産庁「太平洋クロマグロの資源管理について」（資料5）2018年3月19日〈http://www.jfa.maff.go.jp/j/suisin/s_kouiki/nihonkai/attach/pdf/index-68.pdf〉2018年12月31日アクセス。
(2) 加入乱獲とは，親魚資源量が一定以下まで減少すると子の加入が大きく減少する現象を指す。

『漁業資源管理の法と政策』児矢野マリ編〔信山社，2019年8月〕

[第Ⅱ部 コメント]

規制（アウトプットコントロール）の体をなしていなかった。TAC対象魚種以外は漁業者の自主管理に委ねられていたが，一部の例外を除き機能していなかった[4]。

こうして積極的な資源管理措置の導入を回避し続けたことから，日本の沿岸資源の大部分が低位ないし乱獲状態にある[5]。問題は，なぜ日本の資源管理がかくも後進的なのかである。この問いに回答するには，それには法学・政治学を融合した学際的研究を進める必要がある。

日本の後進性の原因として，ざっと見ても以下のものが上げられる。

① 漁業権の特殊性（法学）
② 水産予算配分の硬直性（行政学・政治学）
③ 貧弱なNGOセクター（政治学）
④ 産官学の三位一体（三竦み）構造（政治学）

第一の漁業権については，日本では法律上漁業権はみなし物権とされる[6]。日本では乱獲を止めるために，ないし乱獲を防止するために，資源管理を強化

---

[3] 日本のTAC制度の欠陥については，勝川俊雄『漁業という日本の問題』（エヌティティ出版，2012年）でも克明に触れられている。

[4] 例えば，過去乱獲により資源が壊滅した秋田のハタハタは，3年間の自主禁漁を経て資源が回復したことから自主管理の成功例としてもてはやされた。しかし，近年再び資源量は激減し，漁獲の中心が小型の1歳魚に偏るようになった。ハタハタ資源対策協議会の最新の資料では，漁獲率が高すぎるためこのままでは資源がさらに減少してしまうと報告されており，資源管理の問題を抱えている。杉山秀樹「秋田県のハタハタ漁獲量は，なぜ回復できたのか」『Biophilia』4巻3号（2015年）78-81頁。秋田県水産振興センター「平成30年度第2回ハタハタ資源対策協議会資料」2018年10月2日〈https://www.pref.akita.lg.jp/uploads/public/archive_0000037842_00/平成30年度ハタハタ資源対策協議会資料（平成30年10月2日開催).pdf〉2019年1月4日アクセス。

[5] 水産庁「平成30年度 我が国周辺水域の水産資源評価の公表について」2018年10月30日〈http://www.jfa.maff.go.jp/j/press/sigen/181030.html〉2018年12月31日アクセス。MSYに基づく資源評価については，規制改革推進会議水産ワーキング・グループ「最大持続生産量（MSY）ベースの評価について」2018年1月30日〈https://www8.cao.go.jp/kisei-kaikaku/suishin/meeting/wg/suisan/20180130/180130suisan01.pdf〉2019年1月6日アクセス。

[6] 日本の漁業権については，山下昭浩・緒方賢一「共同漁業権論争の現在的地平：総有説の構造と機能」『高知論叢（社会科学）』107号（2013年）57-96頁。奥田進一「地先漁業権の法的性質と旧慣の改廃」『日本不動産学会誌』27巻3号（2013年）82-89頁。田平紀男『日本の漁業権制度』（法律文化社，2014年）。

しようとすると，しばしば漁業者から補償を要求される。乱獲は漁業者の長期的な利益に反するものであるため，資源管理の強化に補償を要求されるのは腑に落ちないところがある。諸外国の漁業権と比較して非常に強い性格が日本の漁業権には認められていることが，この理不尽にも見える補償要求の背景に存在する可能性がある。法律的に，持続的な資源管理のために厳格な漁獲量規制や漁獲努力量規制を導入することに補償の義務が発生するかどうかは疑わしいところがあるが，日本の漁業権の性質が，自主管理に委ねて乱獲を放置してしまう日本の資源管理の背景要因となっている可能性があり，この点について分析が求められる。

　第二に，日本の水産予算は漁港整備などの公共事業費が半分近くを占めている。昔は7割程度を占めていた時期もあったが，その後徐々に減っていき現在に至っている。魚はいないのに，漁港関連の公共事業に大量の資金がつぎ込まれている。土建国家[7]と揶揄された日本の姿が水産でも見て取れる。この漁港整備に数多くの業界団体が設置され，水産庁のOBが多数再就職している。最近でもわずか年間水揚げが300万円の漁港に20億円近い漁港整備費が支出された事例がある[8]。他方で資源管理の予算は捕鯨予算よりも低く，50億円にも満たなかった[9]。予算配分に問題があると言える。なぜこのような予算配分となるのか，政治学，行政学的な分析が必要である。

　第三の，NGOセクターについては，最近水産庁関係者，水産研究・教育機構関係者から日本は環境NGOの力が弱すぎるとの声がよく聞かれる。海外では影響力の強い環境NGOの厳しい声と圧力が資源管理を進めて行く上で助けになっていることを踏まえての発言である。実際，海外では数十万の会員数を誇る環境NGOが珍しくないのに対して，日本最大の環境NGOである日本野鳥の会で50000人強[10]に止まる。世界3大環境NGOのWWF，グリーンピー

---

(7)　真田康弘，浅野有紀「無用の長物と化す「豪華漁港」に予算を費やす水産行政」『Wedge』2018年6月7日〈http://wedge.ismedia.jp/articles/-/12983〉2019年1月4日アクセス。

(8)　水産庁「平成28年度水産関係公共事業の事業評価結果について：八丈島地区」（整理番号24）〈http://www.jfa.maff.go.jp/j/gyosei/assess/hyouka/h28/attach/pdf/170331_3-14.pdf〉2019年1月4日アクセス。

(9)　例えば，2018年度の水産予算は資源管理に46億円，捕鯨対策に51億円の配分であった。水産庁「平成30年度水産関係予算概算決定の概要」2017年12月〈http://www.jfa.maff.go.jp/j/budget/attach/pdf/index-7.pdf〉2019年1月4日アクセス。

(10)　日本野鳥の会「名称・目的等」〈https://www.wbsj.org/about-us/summary/about/〉2019年1月4日アクセス。

[第Ⅱ部 コメント]

ス，地球の友は日本にも支部を置いているが，WWF ジャパンが 43000 人[11]，グリーンピース・ジャパンが 7000 人[12]，地球の友・ジャパン（FoE Japan）が 500 名[13]の会員数に止まる。これではなかなか影響力を持ち得ないのも確かである。

Ⅱ 産官学の関係

　最後の産官学の三位一体ないし三竦み構造[14]は，200 海里の排他的経済水域体制への対応の歴史に見て取れる。1970 年代末に世界が 200 海里体制に移行し，日本の漁船が各国の沿岸から排除される前は，日本は世界最大の遠洋漁業国であった。日本の遠洋漁船は戦前から北洋（アラスカ，ロシア沖），南洋（太平洋の島嶼諸国の近海），カリフォルニア，メキシコ，アルゼンチン沖などに漁船を送り込み，1 国で世界の総水揚げ量の 4 割（1936 年時）を占めるなど[15]，圧倒的な遠洋漁業国として世界に君臨していた。1974 年の時点でも，日本総水揚げ量に占める遠洋漁業の割合は 43.7％ であった[16]。200 海里体制への移行は日本の漁業に甚大な悪影響もたらしたのは言うまでもない。

　重要なのは，第三次国連海洋法会議（1973 年 12 月～1982 年 12 月）への日本の対応である。既にカラカス会期（1974 年 6 月～8 月）前にアメリカに加えソビエトまで 200 海里を容認する姿勢に転じたことから，外務省は 200 海里を受け入れた上で条件闘争に戦略を転換しようとしていた[17]。しかし，水産庁の反対で，日本政府代表団は 200 海里反対の立場（領海 12 海里は受け入れ）を維持してカラカス会期に参加することになった。カラカスでは日本はまさしく孤

---

[11]　WWF ジャパン「WWF ジャパンについて」〈https://www.wwf.or.jp/aboutwwf/japan/〉2019 年 1 月 4 日アクセス。

[12]　グリーンピース日本事務所「グリーンピース日本事務所」〈https://www.greenpeace.org/archive-japan/ja/info/japan/〉2019 年 1 月 4 日アクセス。

[13]　FoE Japan「FoE について」〈http://www.foejapan.org/about/index.html〉2019 年 1 月 4 日アクセス。

[14]　この点に触れているものとして，平沢豊『200 カイリ時代と日本漁業：その変革と再生の道』（北斗書房，1978 年）96-106 頁。勝川俊雄『魚が食べられなくなる日』（小学館，2016 年）。

[15]　Wilfram Ken Swartz, "Global Maps of the Growth of Japanese Marine Fisheries and Fish Consumption." The University of British Columbia, 2004.

[16]　農林統計協会『図説・漁業白書（53 年版）』（1979 年）。

立無援の状況に追い込まれ,「エクセプト・ワン」と揶揄される状況に追い込まれてしまう[18]。

実はカラカス会期直前に政府代表の外交官・小木曽本雄氏が訓令作成のために帰国した際の漁業関係の責任者・某氏とのやりとりが以下のように残されている。

> 小木曽氏「このような事態で経済水域に反対するのは,日本および極めて少数の西欧諸国になり,例によって国内で見通しの悪さを批判されるかも知れない。また反対一本槍の訓令では,万一カラカス会議中に経済水域の内容について,特にエヴェンセングループなどで審議される場合,動きがとれない。」

> 某氏「その趣旨はよく分かるし,個人としてはよく理解する。しかし現在の漁業団体等の心情から見ると,政府が最初から経済水域を受け入れる方向で動いたことが明らかになれば,蜂の巣をつついたようなことになって,経済水域の設定が明らかに避けられなくなった場合に指導のしようがなくなる。経済水域が設定されることになれば,どうせ遅かれ早かれ我々は批判されるのだから,死ねば諸共で行こうじゃありませんか。」[19]

「どうせ遅かれ早かれ我々は批判されるのだから」という文脈からして,漁業関係の責任者・某氏というのは水産庁高官と見られるが,「死ねば諸共」の発

---

(17) 大平正芳外務大臣が 1974 年 5 月 17 日の衆議院外務委員会で行った以下の国会答弁を参照。第 72 回国会衆議院外務委員会議録第 26 号〈http://kokkai.ndl.go.jp/SENTAKU/syugiin/072/0110/07205170110026.pdf〉2019 年 1 月 2 日アクセス。

「仰せのとおりです。日本といたしましては,各沿岸国の領海が狭くて,経済水域なんかないほうが,わが国のような水産国,わが国のような海洋国にとりましては一番いい,望ましい世界の姿だと思うのです。けれども,それは自分かっての,身がってな言い方でございまして,沿岸国の経済水域の主張なんということも,もはや阻止できない勢いになってきておることも事実でございまするし,そういうことにいつまでも背を向けておるなんということも許されない事態でございますから,問題は,それがいいか悪いかなんという議論でなくて,そういう水域に,特別な沿岸国の特定の水域に対する管轄権の中身がどうなるかということがわれわれの具体的な問題になってくるのでなかろうか。そういうものの討議を通じて日本の国益を守っていくということが,われわれの具体的な戦略目標にならざるを得ないのではないかと私は思います。」

(18) 小田滋『回想の海洋法』(東信堂,2012 年)。
(19) 平沢豊『200 カイリ時代と日本漁業:その変革と再生の道』(北斗書房,1978 年) 96-106 頁。

[第Ⅱ部 コメント]

言に見られるように，問題への対応を先送りにする姿勢が顕著である。

このときの交渉について，東京水産大学（現・東京海洋大学）の平沢豊は，政府・業界の首脳は200海里到来の必然性を知っていたはずであるが，日本の社会構造のもとでは知っていても200海里の受け入れはできなかったと指摘する[20]。つまり，200海里を受け入れることは日本漁業の再編成，すなわち減船や縮小を必要とする。政府として再編成を言い始めた場合，漁業者から補償金を要求されるが，大蔵省（現・財務省）が予算を約束することはあり得ない。予算化に失敗した場合，責任を追及される。しかし，業界が自主的に決めたことに対しては，政府は補償金を出す義務はない。さらに，平沢は以下のように続ける。

> 漁業再編成は長期的に見れば，日本漁業を安定化させる道であるが，短期的には良薬は口に苦しで，苦しい道である。コンセンサスを得ることは容易でないので，それを主張すれば，主張した人が傷つくことになる。誰も，どの組織も，このそんな役割を引き受けようとはしなかった。そのことは，私自身についても言えることである。

平沢氏の見解からは，産官学の各部門が課題に取り組むよりも座視することを選んだことが読み取れる。

その後，第三次国連海洋法会議の最中の1976年にはアメリカ，ソビエト（現・ロシア）が国内法で200海里指定を行ったことを契機に，雪崩を打つように各国が200海里を指定した。日本も1977年に漁業水域に関する暫定措置法を制定し，200海里を指定した。世界が200海里体制へと転換したこのとき，日本は遠洋漁業国から沿岸・沖合漁業国へと漁業構造を再編成していく必要があった。しかしながら，諸外国が200海里の指定の際に漁業資源の保全管理の立法を行い，沿岸資源の持続的な利用を志向したのに対して，日本は200海里の漁業水域を指定するのみであった[21]。こうして200海里指定の際に沿岸資源

---

[20] 平沢豊『200カイリ時代と日本漁業：その変革と再生の道』（北斗書房，1978年）96-106頁。

[21] 第1条にて「水産資源の適切な保存及び管理を図る」ことが規定されていたが，国際漁業種について国際機関の勧告を尊重することが規定（第2条3項）されるのみで，沿岸漁業資源の管理措置については言及が一切ない。衆議院「漁業水域に関する暫定措置法」〈http://www.shugiin.go.jp/internet/itdb_housei.nsf/html/houritsu/08019770502031.htm〉2019年1月22日アクセス。

の保全管理の枠組みを構築せず，漁業構造の再編成の取組も怠った。業界団体に止まらず，主管庁も，政治家も，学者も痛みの伴う改革を提言しなかったのである。

　このように国内政策でも転換が必要なときに全く動けない状況が続いていたのであるが，その原因は平沢の言う日本の社会構造，つまり産官学の三位一体または三竦みの構造にあった可能性がある。すなわち大日本水産会を筆頭とする種々の業界団体には水産庁の官僚が多数再就職（いわゆる天下り）しており，規制される側と規制する側の密着性が高い状況にあった。この構造は現在も変わらない。沿岸資源の資源評価は水産研究・教育機構が担当するが，もともと水産庁の一部であった歴史[22]から，同機構の理事長職は水産庁退職者の定例ポストであり，理事は水産庁・農林水産省，同機構出身者がほとんどと，閉鎖性が極めて高い。さらに水産系の大学ないし学部には元水産庁の方々が多数在籍している。こういった状況にある日本の水産学は，資源管理の問題については寡黙であった。声高に聞こえるのはMSYに基づく管理に反対したり，資源の減少について環境要因を指摘する声ばかりであり，（漁獲率が高止まりしていても）乱獲を指摘する声はなかなか聞こえてこない[23]。水産学が問題や課題を的確に指摘しない状況では，漁業関係者，メディア，政治家，国民の認識が高まることはなく，資源管理強化の気運も高まらない。日本ではこの不幸な構造が何十年も続いてきたのである。

---

[22] 水産研究・教育機構は，水産総合研究センターと水産大学校が合併して2016年にできた組織である。研究部門の水産総合研究センターは1949年に設置された水産庁研究所が2001年に改組され独立行政法人となったものである。つまり，もともとは水産庁の内部の組織であった。水産研究・教育機構「沿革」〈http://www.fra.affrc.go.jp/soshiki/enkaku.html〉2019年1月22日アクセス。

[23] 例えば，「鼎談　日本の魚の未来」『水産経済新聞』2019年1月1日にて，フード・ジャーナリストの佐々木ひろ子氏の「魚は減っていないという科学者が多いのはなぜですか」という質問に対して，水産研究・教育機構の宮原正典理事長（元水産庁次長）が「本当は，科学者も素直に「悪いんだからやめろよ」って言いたいところだけど，漁業者に責められる水産庁をおもんばかっていちばん悪い状態にならなければと譲歩している。そこには悪意はないが，これからはそれでは駄目。今度の改革では，科学者は行政や業界の顔を見ずに科学として提示すべきことをきちんとできるようになる。そうしないといけない」と述べている。他にも，日本の水産学の特異性については，勝川俊雄『漁業という日本の問題』（エヌティティ出版，2012年）でも克明に触れられいる。

[第Ⅱ部 コメント]

Ⅲ　乱獲と輸入水産物依存

　日本は1996年に国連海洋法条約を批准したことに伴い,「海洋生物資源の保存及び管理に関する法律」を制定した。いわゆるTAC法であるが,このときも表面的な対応にとどまり,持続的な資源管理を探求しなかった。すなわち,TACの設定にMSYを実現する水準が明記されたものの,「漁業の経営その他の事情を勘案して定める」との但し書き(同法第3条3項,5条2項)により,実質MSYに基づく資源管理をしなくてもよいように法文作成されていた[24]。その結果,MSYに基づく資源管理どころか,資源評価すらMSYに基づき行われなくなり,乱獲が放置されることになった[25]。

　2016年4月5日の『みなと新聞』の「小型サバ輸出ラッシュ」の記事は皮肉たっぷりで興味深い。昨年過去最高の19万トンを輸出したが,今年は昨年の5割増しのペースであると。輸出急増のけん引き役は「ジャミサバ」で,銚子に水揚げされたサバは世界最安値をつけたと。国内では食用には向かないため,東南アジア,アフリカ(ともに食用),メキシコ(クロマグロの養殖用の餌)等に輸出され,食用ものはノルウェーからサイズの大きなサバを輸入していると。漁獲サイズ規制がないこと,高すぎるTAC設定,個別割当(IQ)制度が導入されていないことが,こういった不合理漁業の原因であるが,日本の後進的な資源管理政策がノルウェーの水産業の発展に貢献しているという皮肉な状況である。

　2013年6月15日の『日本経済新聞』(朝刊)の記事「余るクロマグロ：巻き網で今年の水揚げ急増」という記事も非常に興味深い。資源が激減し,国際自然保護連合(IUCN)から2014年に絶滅危惧種(vulnerable)に指定される状況にある太平洋クロマグロであるが,夏期に日本海の産卵場に産卵に来た際に大中巻き網漁船により大量に漁獲されているという記事である。毎年同じ時期に同じ場所に産卵に来るため,どんなに資源が減っていても産卵期だけは簡

---

[24] E-Gov「海洋生物資源の保存及び管理に関する法律」(平成八年法律第七十七号)〈http://elaws.e-gov.go.jp/search/elawsSearch/elaws_search/lsg0500/detail?lawId=408AC0000000077〉2019年1月2日アクセス。

[25] 国の公式の資源評価については,水産研究・教育機構「わが国周辺の水産資源の現状を知るために」〈http://abchan.fra.go.jp/〉を参照。

単に漁獲できる。しかし，枯渇した資源を産卵期に大量に漁獲する漁法は資源には非常に良くない。さらに，夏期の産卵期は脂のりが悪く，ただでさえ身質がよくない。しかも水揚げ時に大きな巻き網の中で揉まれるため，身焼けしたり，血栓ができたりとさらに劣化してしまう。そのようなクロマグロを短期間に大量に水揚げするため，大部分（記事では 246 本中 179 本）はセリ値がつかず，相対取引で安く売られてしまっている。黒いダイヤと呼ばれ，夏を避けて選択的に漁獲すればキロ 5000 円から 1 万円をつけるクロマグロも，不合理漁業，乱獲を放置する日本では大衆魚の価格で取引されているのである。

　小型サバの輸出ラッシュや余るクロマグロの記事から読み取れることは，日本の水産行政に高付加価化の観点が極めて弱い点である。つまり，一番値段がつかない時期に大量に漁獲させている。もちろん，水産庁の担当者も本来は不合理な漁獲は避けた方が良いことは理解しているであろう。しかし，それを実施しようとすると，業界（大中巻き網漁業，定置網漁業，一本釣り漁業など）の間の困難な調整を行う必要があり，しかも業界団体（特に大中巻き網の業界団体）には水産庁の OB が大勢再就職している[26]。面倒なことをしようとして睨まれるよりは，業界の自主的な取り組みに任せておいた方が無難であると考えてしまうのであろう。

　水産物の貿易政策では，もともと 10％（一部は 5％）と低かった水産物の輸入関税を，200 海里体制移行後には一層引き下げることで国内供給量を維持しようとした。農産物では高関税を維持したのとは対照的である[27]。他方で，輸入により水産物の供給を維持できたことが国内の資源管理の問題から目をそらさせる一因ともなった。また，低関税政策により水産物の供給確保が優先され，輸入水産物のソースに対する関心も高まらなかった。漁獲の持続性どころか合法性すら疑われる安い水産物が海外から大量に流入し，魚価高に依存する日本の漁業に打撃を与えることになった[28]。その数値の妥当性について議論はある

---

[26] 巻き網系の漁業団体（全国まき網漁業協会，北部太平洋まき網漁業協同組合連合，日本遠洋旋網漁業協同組合，海外まき網漁業協会）や日本定置漁業協会には水産庁の OB が再就職している。

[27] 水産物の関税率の推移については，八木信行「WTO 交渉における水産資源の持続性に関する扱い：貿易と環境を巡る問題の最前線」（BBL セミナー）2009 年 8 月 21 日〈https://www.rieti.go.jp/jp/events/bbl/09082101.pdf〉2019 年 1 月 2 日アクセス。

[28] 松井隆宏（東京海洋大学）の分析によると，IUU 漁業による日本の漁業の損失は 1710 億円と推定されている。『みなと新聞』2018 年 11 月 7 日。

[第Ⅱ部 コメント]

ものの，2017年に*Marine Policy*に掲載された論文によると，日本に輸入される水産物の3割前後が違法・無報告・無規制（IUU）漁業によると見られている[29]。アメリカやEUが輸入水産物に合法性証明（漁獲証明）を要求するのに対し，日本では何も要求されない[30]。そのため，シラスウナギが漁獲されない香港から，「香港産」として輸出が禁止されている台湾で漁獲されたとみられるシラスウナギが大量に日本の輸入される有様である[31]。欧米には輸出できない魚はますます日本や中国など規制が緩いマーケットを目指すようになっている。

Ⅳ　漁業改革と資源管理の強化

近年は，日本の経済力の低下により，海外から水産物を調達できなってきている。いわゆる「買い負け」の常態化である[32]。他方で国内では数十年続く国内水揚げの減少により，水産業が崩壊の危機に直面している。こうして，国内の漁業資源を回復させ，水揚げの長期的な増大をはかることが不可避となり，水産庁にはまかせてられないとしてついに政治が動いた。すなわち2017年春に採択された新水産基本計画では政治主導[33]で資源管理の高度化（目標管理基準，限界管理基準による管理，IQ制度の導入）が盛り込まれた[34]。2018年6月には内閣府規制改革推進会議の答申が出され，TAC対象種の拡大，IQ制度の導入，MSYに基づく資源管理の導入，限界管理基準値を下回った場合は10年以内にMSY水準に回復させることなどが記された[35]。国際法学会2018年研

---

[29]　Pramod Ganapathiraju, Tony J. Pitcher, Gopikrishna Mantha,Estimates of Illegal and Unreported Seafood Imports to Japan, Marine Policy, 2019, In Press.

[30]　Gilles. Hosch and Francisco Blaha. 2017. "Seafood Traceability for Fisheries Compliance: Country Level Support for Catch Documentation Schemes." FAO Fisheries and Aquaculture Technical Paper No. 619. Rome, Italy.

[31]　伊藤悟「土用の丑の日はいらない，ウナギ密輸の実態を暴く」『Wedge』2016年7月28日〈http://wedge.ismedia.jp/articles/-/7379〉2019年1月2日アクセス。

[32]　長屋信博「水産日本の復活に向けて」『日本水産学会誌』83巻3号（2017年）303頁。

[33]　関係者との電子メールのやりとり（2017年4月初旬）により，自民党水産基本政策委員会が中心となり作成されたことが明らかになった。

[34]　水産庁「新たな水産基本計画（平成29年4月28日閣議決定）」〈http://www.jfa.maff.go.jp/j/policy/kihon_keikaku/〉2019年1月2日アクセス。同サイトに関連する水産政策審議会の会合がリストアップされているが，2017年4月6日の水産政策審議会企画部会まで管理基準値による資源管理が資料に登場していないことが見て取れる。

究大会後のことではあるが，答申に基づき突貫工事で作成された改正漁業法案が2018年11月の臨時国会に提出され，2018年12月8日に採択された[36]。ようやくではあるが，国連海洋法条約，FAO行動規範，国連公海漁業協定で規定されているMSYや管理基準値による資源管理が日本でも導入されることになった。

しかし，資源管理強化の動きに対する日本の水産学からの提言は依然として鈍いか，むしろ多くは逆行的である。MSY，加入乱獲，IQに基づく資源管理に反対したり[37]，挙げ句の果てには，水揚げが減ったのは資源が減ったからではなく，漁業者が減ったから，消費が減ったからである[38]などと，日本の沿岸・沖合漁業資源が深刻な資源状態にあり，また日本が非常な過剰漁獲能力状態にある[39]ことからして理解しがたい発言が相次いでいる。こういう声に対する他の水産学者からのレスポンスがほとんど聞こえてこないのも興味深い[40]。日本では長年MSYやIQに基づく資源管理に消極的な姿勢をとり続け，漁業者の自主管理に委ねる古い水産行政の方向性に合致した声しか聞こえてこないので

---

[35] 規制改革推進会議「規制改革推進に関する第3次答申：来るべき新時代へ」2018年6月4日〈https://www8.cao.go.jp/kisei-kaikaku/suishin/publication/toshin/180604/toshin.pdf〉2019年1月2日アクセス。

[36] 水産庁「水産政策の改革について」〈http://www.jfa.maff.go.jp/j/kikaku/kaikaku/suisankaikaku.html〉2019年1月2日アクセス。

[37] 例えば，漁業経済学会50名の有志による改革反対声明では，様々な魚種を対象とする日本の沿岸漁業にはIQ制度は合わないとの主張が盛り込まれている（『水産経済新聞』2018年6月5日）。また，国際法学会2018年研究大会後のことであるが，北日本漁業経済学会での創立50周年記念講演会（2018年11月9日）では，「MSY理論はもはや神話」，「MSYによる資源管理を徹底しても資源は増えない」，「加入乱獲を避けるための管理は功をなさず，徹底して出口管理しても資源は増えない」との講演が行われた（『水産経済新聞』2018年11月16日）。

[38] 例えば，衆議院第197回国会農林水産委員会での参考人（学識者）との質疑内容を参照。衆議院「第197回国会 農林水産委員会 第8号（平成30年11月26日（月曜日））」〈http://www.shugiin.go.jp/internet/itdb_kaigiroku.nsf/html/kaigiroku/00091972018112 6008.htm〉2019年1月2日アクセス。

[39] Michiyuki Yagi and Shunsuke Managi. 2011. "Catch Limits, Capacity Utilization and Cost Reduction in Japanese Fishery Management." *Agricultural Economics* 42（5）: 577-92.

[40] ようやく2019年元旦に，水産研究・教育機構でMSYに基づく資源管理を実施していた研究者たちから主要水産紙にてMSYの資源管理について発信が行われた。「ストックちゃんが聞く！ 資源管理教室 MSYってなあに？」『水産経済新聞』2019年1月1日。

[第Ⅱ部 コメント]

ある。

このように，日本の漁業，資源管理を巡る著しい後進性の原因を明らかにするには，法学，政治学（行政学，ガバナンス論を含む）の学際的研究が必要となる。法学，政治学に加え，水産学との学際的研究が望ましいところであるが，水産学との協働の敷居はなかなか高い。

Ⅴ　大久保論文へのコメント

　大久保論文「第2章　生態系アプローチに関する国際規範の発展と日本の国内実施」では，生態系への配慮は，日本の海洋生物資源管理に関する主要な国内法・政策文書における基本理念の1つになっているものの，具体的な措置のレベルでは非漁獲対象魚種，混獲，投棄の問題には明示的な政策上の位置づけが行われていない，国際的動向とは異なる MPA の定義を採用しているなどの課題が示された。

　既に触れたように MSY のように国際法上の規範ないし概念が日本の国内法に明記されていても，政策で実体化されない現象は，日本の水産行政では全く珍しくない。その場合，概念の適用を除外するような但し書きが付記されることが多く，起草者の真意はむしろその但し書きの方に置かれていることが少なくない。国内法の立法の真意を十分に読み取る必要がある。生態系アプローチについても，日本が批准した生物多様性条約や国連海洋法条約への対応を関連法規にて表面的には行っているものの，実質的には生態系アプローチに基づく管理や保全措置を実施する意思がなかった，ないし極めて弱かった可能性がある。

　国内法または政策文書には明記されているにもかかわらず，その概念が効果的に実施されていない場合は，その問題が水産学者または生態学者により問題提起ないし批判される必要がある。しかし，そういった声が聞こえてこないことが多い。それはなぜなのかやはり問う必要がある。既に触れたように MSY を批判する声は水産学者から盛んに出てくるが，MSY を擁護ないし肯定する声は非常に乏しい。世界の水産科学では既に古典的な定常状態を仮定した MSY 概念から動態的な MSY 概念へと発展を遂げているにもかかわらず[41]，国内では単純な MSY 批判の声しか聞こえてこない。地域漁業管理機関（RFMO）では MSY を前提とした漁獲管理規則（harvest control rules）の導入

が進んでいるのに国内ではMSY否定論しか聞こえてこない。同様に，世界の学術界では海洋保護区（MPA）の重要性や依存種の生態系上の役割について活発に議論され，数多の学術論文が刊行されているが，日本ではこの分野の研究が乏しく，また（NGOを除くと）問題提起も希である。生態系アプローチの国内実施を分析するなら，産官学を取り巻く問題の全体的構造を浮かび上がらせることが重要となる。

また，海洋生物多様性保全戦略では漁業を超えた海洋保全の観点が強く入っているが，根拠法の生物多様性基本法において海洋について寡黙（条文全体でわずか1度のみ登場）で，省庁をまたぐ政策調整は期待できない。日本のMPAの大部分は，水産業法（海洋水産資源開発促進法，漁業法，水産資源保護法など）での指定エリアが占めているが[42]，水産業法では水産業に寄与しないMPAや生態系アプローチに基づく保全措置——例えば海洋哺乳類を含めた保全など——はそもそも考慮の対象外となる。海の生物多様性にも力点を置く形で生物多様性基本法の改正が必要であろう。しかし，日本の縦割り行政の構造ではそういった構想は頓挫する可能性が高い。

論文では，資源回復計画（2011年度までの事業），資源管理計画（資源回復計画の後継）における保全措置にも触れられていたが，こういった計画についても名目と実態を峻別して制度を分析する必要がある。つまり，減少した資源を対象とした資源回復計画では計画の公開と事後検証を実施し，政策の有効性を検証するシステムがあった。このプロジェクトが実施されていた時期は，偶然の一致かもしれないが，沿岸資源のトレンドは回復傾向にあった。他方で，平成23年度から始まった資源管理計画では対象となり得る漁業の範囲が大幅に拡大され，無数の資源管理計画が策定されたが，逆に低位に分類される資源が増加していった[43]。

また，資源回復計画とは対照的に，資源管理計画では，計画内容は非公開で

---

[41] 動態的なMSY概念の発展については，Andre E. Punt and Anthony D. M. Smith. 2001. "The Gospel of Maximum Sustainable Yield in Fisheries Management: Birth, Crucifixion and Reincarnation." In John D. Reynolds, ed. *Conservation of Exploited Species*, Cambridge: Cambridge University Press, 41-66. Pamela M. Mace. 2001. "A New Role for MSY in Single-Species and Ecosystem Approaches to Fisheries Stock Assessment and Management." *Fish and Fisheries* 2 (1): 2-32.

[42] 南眞二「海洋保護区の推進と持続可能な漁業」『法政理論』48巻1号（2015年）14-53頁。

事後検証も公開されない制度となった。おそらく厳格な事後検証は行われていないと見られる。例えば，2016年に自由民主党行政改革推進本部行政事業レビューチームが資源管理計画のレビューを行ったところ，「資源状態の評価基準としては不十分な漁獲量や魚価などによる評価・検証（その他の評価基準を除く）が計画の8割近くにも及ぶなど科学的なデータ根拠，エビデンスに基づく政策管理の推進がなされているとはいえない」と批判されている[44]。資源回復計画からの劣化が甚だしい。資源管理計画では，行政作成の資源管理指針や管理計画作成要領は提供されたものの，科学的な計画の策定とその効果的な実施を担保する制度枠組みが用意されていなかった。これは補助金をより広範に提供するなど名目とは別の意図が存在していた可能性を示唆する。論文で触れられていた藻場・干潟ビジョンについても，港湾公共事業費とそれを取り巻く業界を維持するために，効果を度外視して公共事業として実施されているものを峻別し，評価する必要がある。つまり，藻場や干潟の再生はあくまでも名目にすぎない事業が数多く存在する可能性である。

このように法律や政策文書のテキストの読み取りとその背景に存在する政治的要素の読み取りをあわせて実施することで，サステイナブルな水産業の発展に資する法学・政治学の融合研究に発展することを提起したい。

VI　鶴田論文へのコメント

鶴田論文「第3章　IUU漁業対策としての寄港国措置——日本における寄港国措置協定の実施に焦点をあてて」では，IUU漁業を排除するための寄港国措置についての全体像が示され，日本の寄港国措置協定（PSMA）の国内実施が分析されている。IUU漁業による水産物の日本への流入を排除するには，RFMOで導入されている漁獲統計制度（CDS）やIUU漁船リストの取り組み，PSMA規定の国内実施だけでは不十分であり，EUやアメリカで通関時に要求される水産物の合法性証明制度（漁獲証明制度）を含む包括的な対応

---

[43]　資源回復計画と資源管理計画については，牧野光琢『日本漁業の制度分析：漁業管理と生態系保全』（恒星社厚生閣，2013年）。

[44]　自由民主党行政改革推進本部行政事業レビューチーム「行政事業レビューチーム提言」2016年12月14日〈http://www.taira-m.jp/%E8%A1%8C%E6%94%BF%E4%BA%8B%E6%A5%AD%E3%83%AC%E3%83%93%E3%83%A5%E3%83%BC%E3%83%81%E3%83%BC%E3%83%A0%E6%8F%90%E8%A8%80.pdf〉2019年1月2日アクセス。

が必要となるという鶴田論文には全く同意する。他方で，EUやアメリカの漁獲証明制度は世界貿易機関（WTO）の規定と整合するのか，検討が必要となる[45]。

　日本のPSMAの国内実施については，論文によると，外国人漁業の規制に関する法律（外規法）4条の2により，「特定漁獲物等」[46]を本邦に陸揚げし，又は他の船舶に転載することを目的として，当該外国漁船を本邦の港に寄港させてはならないこととなったが，外規法施行令3条により，特定漁獲物等の範囲が，日本が締約国となっているRFMOが作成したIUU漁船リストに掲載された船舶であって，その活動が「水産資源の適切な保存及び管理」に支障があるものとして農林水産大臣が政令で指定する船舶が積載している漁獲物に限定されてしまっている。主に日本漁船と競合するマグロ類のIUU漁船が対象となると見られるが，これではPSMAの国内実施と言うよりは既存のRFMO[47]規制の国内実施を強化した程度の対応に見える。日本が加盟しないRFMOが管理する漁業資源や各国の沿岸資源のIUU漁業による漁獲物が対象になっておらず，あまりにも対象範囲が狭く定義されていると言えよう。

　このPSMAの国内実施も日本独特の「リーガル・ミニマリズム」（legal minimalism）[48]の一例としてとらえるべきであろうか。国内法的には既に「まぐろ資源の保存及び管理の強化に関する特別措置法」（1996年）[49]があり，マグロ類

---

[45]　IUU漁業を排除する貿易制限措置とWTOの規定との関係については，Kathleen Auld. 2018. "Trade Measures to Prevent Illegal Fishing and the WTO: An Analysis of the Settled Faroe Islands Dispute." *World Trade Review* 17 (4): 665-92.

[46]　外国漁船によるその本邦への陸揚げ等によって我が国漁業の正常な秩序の維持に支障が生じ又は生ずるおそれがあると認められる漁獲物等で政令で定めるものをいう。

[47]　マグロ類では大西洋まぐろ類保存国際委員会（ICCAT），全米熱帯まぐろ類委員会（IATTC），中西部太平洋まぐろ類委員会（WCPFC），インド洋まぐろ類委員会（IOTC），みなみまぐろ保存委員会（CCSBT）が該当する。この他，日本が加盟するRFMOでIUU漁業が重大問題となったものとして，メロの漁獲を管理する南極の海洋生物資源の保存に関する委員会（CCAMLR）がある。

[48]　リーガル・ミニマリズムの概念は法学分野で明確に確立ないし定義されたものではないが，新法を制定し，条約の理念や目的をaspirationalに実現しようとするよりも，既存法令の運用で対応し，最小限の法的措置で済ませようとする国内実施のアプローチを指す。日本では特に環境分野や人権分野などの国内実施法でリーガル・ミニマリズムの傾向が強い。児矢野マリ「グローバル化と国際環境法の機能」『論究ジュリスト』23号（2017年）60-70頁。高村ゆかり「環境条約，国内実施（国際法の観点）」『論究ジュリスト』7号（2013年）71-79頁。浅田正彦「人権分野における国内法制の国際化：法形式主義とミニマリズムの克服に向けて」ジュリスト1232号（2002年）79-87頁。

[第Ⅱ部 コメント]

のRFMOの規制に明白に違反した水産物を，寄港制限により効果的に排除することについては既存立法との齟齬がなく，確かに実施しやすい。WTOとの関係も懸念せずに済む。また，IUU漁業問題について陳情をしていた業界団体がマグロの業界団体に限られていたことも影響していたかも知れない。PSMAの国内実施法の対象範囲が極めて狭く定義された背景として，持続性や合法性を気にせずに原魚を調達してきた国内の水産流通・加工業界への大きな影響を避ける意図があった可能性もある。PSMAの国内実施の不足点を指摘し，IUU漁業排除の包括的な国内政策の必要性を提起する以上，それを妨げる政治学的な要因分析も避けては通れないであろう。

Ⅶ 堀口論文へのコメント

堀口論文「第1章 予防的アプローチに照らした国際法上の海洋生物資源保存義務の発展と日本の国内実施 —— 排他的経済水域における資源管理に焦点をあてて」は，日本の漁業法制度において予防的アプローチの導入が非常に遅れていることを体系的に実証しているが，そもそもなぜかくも遅れているのかを問うことがここでも重要である。

論文によると予防的アプローチは，少なくともストラドリング魚種や高度回遊性魚種等の国際漁業資源については，国連公海漁業協定により義務として実施すべきもの解釈される。しかし，日本の中西部太平洋まぐろ類委員会（WCPFC）や北太平洋漁業委員会（NPFC）での資源管理措置に関する提案や交渉姿勢を見ると，日本のスタンスは予防的アプローチに基づいていないと言える。

堀口会員は，国内魚種においても予防的アプローチは相当の注意義務として要求されるようになってきていると指摘するが，参照されているのが国際海洋法裁判所海底裁判部・深海底活動に関する保障国の責任・義務に関する勧告的意見（2011年）と国際海洋法裁判所みなみまぐろ事件暫定措置命令（1999年）であり，国内漁業種への予防的アプローチの適用の義務性について論じるには不適切に見えた。国内での予防的アプローチの導入は，FAO行動規範で求め

---

(49) E-Gov「まぐろ資源の保存及び管理の強化に関する特別措置法（平成八年法律第百一号）」〈http://elaws.e-gov.go.jp/search/elawsSearch/elaws_search/lsg0500/detail?lawId=408AC1000000101〉2019年1月4日アクセス。

られる程度の勧奨的なソフトローにすぎないのではなかろうか。

　国内資源への予防的アプローチの適用は勧奨的なソフトローにすぎないとすると，日本では沿岸資源の管理に予防的アプローチが適用されることが希であることも理解できる。すなわち，堀口会員が指摘したとおり，TAC 法には予防的アプローチに関する規定はない。漁獲可能量 (TAC) の設定では，ABC の 80％ を資源管理目標値として勧告が行われているが，実際の設定では 80％ が採用されることは少なく，ABC の 100％ が採用されることが一般化しているとの指摘もその通りである。

　この TAC 設定は確かに全く予防的でないが，そもそも ABC の 80％ 勧告も予防的とは言えない。予防的アプローチのミニマムラインは限界管理基準値 (B_{limit}) を割る確率が非常に低くなるように資源管理を行い，限界管理基準値に近づいていった場合は，その原因が科学的に不確実な状況でも，資源を回復させるための厳しい管理措置を迅速に実施することを要求する。こういった予防的な勧告が国内で行われることは極めて希であり，そういった事例を耳にしたことがない。では，なぜ予防的アプローチが国内ではかくも無視されるのかを問う必要がある。理由としては，例えば以下のものが考えられる。

① 予防的アプローチは反漁業的であるとの過去の強烈な認識のレガシーの影響のため。
② 日本の漁業権制度のもとでは政府の規制として予防的な資源管理の実施は困難であり，漁業者の自主性に頼らざるを得ないため。
③ 予防的に資源管理を行おうとすると，漁業者から補償を要求され，政治的に実施できないため。

　第一の点は，欧米の NGO が展開した反捕鯨運動で予防原則または予防的アプローチ[50]が乱用された影響が大きいのかもしれない。第二，第三の点は日本で MSY の資源管理が実施できなかったことと共通の要因が予防的アプローチの不適応にも存在することを示唆する。同様に，行政，業界から歓迎されない

---

[50] 予防原則または予防的アプローチはゼロリスクの採用を意味しないが，欧米の NGO は予防原則や予防的アプローチを持ち出すことで，鯨や象などのカリスマ種についてはどのような捕獲案にも反対することが多い。象牙取引禁止をめぐる政治については，阪口功『地球環境ガバナンスとレジームの発展プロセス：ワシントン条約と NGO・国家』(国際書院，2006 年)。

[第Ⅱ部 コメント]

予防的アプローチについては日本の水産学でも取り上げられないため，関係者の認識が深まらず，国内法・政策への取り入れが一向に進まない原因となっている可能性がある。

Ⅷ　まとめ

　各論文への問題提起にも現れているように，やはり日本の水産業を取り巻く全体構造を視野に入れて分析を加えていくことが重要である。法学的問いと政治学的問いを融合した方がより刺激的な研究に発展する。そういった意味で，法学者，行政学者，政治学者による今回の共同研究プロジェクトは非常に有意義である。ここに水産学者，行政官も加わると，革命的な共同研究プロジェクトに発展するのではないかと期待している。

第8章

行政実務の観点から
―― 国際的な水産資源管理と日本の国内実施 ――

牧　賢司

I　水産資源の保存・管理を巡る日本漁業の状況

　適切な管理により持続的な利用が可能な資源である水産資源の保存・管理は，国連海洋法条約によって沿岸国に課せられた責務であり，水産物の安定的な供給確保と生物多様性保全の観点から重要である。近年，様々な海洋関連の会議で漁業のガバナンスの問題が取り上げられ，より広範な海洋問題の文脈で資源管理が議論される機会が増えている中，より積極的な対応が求められている。
　海洋生物資源の保全については，資源の持続的管理・利用という観点から施策を実施してきたところである。しかしながら，日本の漁業生産量は30年間で約2分の1に減少[1]している。なぜ魚が減ったのか，気候変動や環境の変化なのか，資源管理がうまく出来ていないからか，という疑問が浮かぶだろう。これは，資源量が大きく変動するマイワシ資源の減少や各国の排他的経済水域（EEZ）設定による遠洋漁業の縮小によるところが大きいが，マイワシ以外の魚種の生産量も減少傾向にある。生産量の減少には様々な要因が考えられるが，適切な資源管理を行っていれば減少を防止・緩和できたと考えられる種も存在。また，周辺諸国との関係において，例えば，ウエイトの大きな東シナ海に広大な暫定措置水域や中間水域が設定されていることや日本周辺水域での外国漁船の操業が活発化しているという周辺水域の環境変化の影響も受けている[2]。これらの影響によって長年低位となっている魚種・系群[3]が多く存在しているこ

---

[1]　平成29年度「水産白書」。昭和59（1984）年をピーク（1282万トン）に減少し，平成28（2016）年は436万トンとなった。

[第Ⅱ部 コメント]

とも資源状況が低位と判断される魚種が多い理由の一つとなっている[4]。日本周辺水域における外国漁船の影響に関しては，周辺諸国（主に中国，韓国，ロシア等）との関係が重要な要素であり，資源管理の強化には関係国との外交・協力関係が不可欠である。

Ⅱ　日本の資源管理の課題と国際機関による管理の重要性

　日本の資源管理は，国や都道府県による公的規制と漁業者による自主的管理の組合せにより行われているが，公的規制はインプットコントロール（投入量規制：漁業許可による隻数，トン数，漁法等の制限），テクニカルコントロール（技術的規制：漁具・漁期等の操業規制）が中心となっている。アウトプットコントロール（産出量規制：TAC等）は，「海洋水産資源の保存及び管理に関する法律」（以下，「TAC法」という。）の下，現在，8魚種[5]を対象としてTAC制度が実施されている。日本の資源評価対象種は，50魚種84系群（平成29年度）であり，これは，米国の474系群（2～3年ごとに実施，2017年は216系群）[6]，EUの186系群[7]に比べて資源評価対象種が少ない状況。また，日本では，資源水準がこれまでの推移の中で高いか低いかを評価しているのに対し，米国・EUではMSY（最大持続生産量）を達成する水準より上か（適正）下か（過剰又

---

(2) 日本は広大な領海及び世界で6位と言われるEEZの面積を有しているが，この中には，日本の主権的権利を完全には行使できていない北方四島周辺水域，日韓暫定水域，日中暫定措置水域等の水域が含まれる。

(3) 一つの魚種の中で，産卵場，産卵期，回遊経路等の生活史が同じ集団。資源変動の基本単位。

(4) 平成29（2017）年度の我が国周辺の資源評価結果によれば，資源評価の対象となった50魚種84系群のうち，資源水準が高位にあるものが14系群（17％），中位にあるものが31系群（37％），低位にあるものが39系群（46％）と評価。このうち，主要魚種（15魚種37系群）をみてみると，資源水準が高位にあるものが8系群（22％），中位にあるものが16系群（43％），低位にあるものが13系群（35％）。近年，主要魚種の資源水準は6～7割が中位又は高位にある。

(5) 太平洋クロマグロが2018年に漁獲可能量（TAC）制度に移行。なお，法令に基づくTAC管理は2018年の第4管理期間からで，沖合漁業（大臣管理漁業）は同年1月，沿岸漁業（知事管理漁業）は同年7月から。

(6) Status of Stocks 2017 Annual Report to Congress on the Status of U.S. Fisheries

(7) Review of Scientific advice for 2014-Consolidated Advice on Fish Stocks of Interest to the European Union（EWG 13-08/EWG 13-14）。評価は国際海洋調査評議会（ICES）が実施。

は乱獲）で評価するのに加えて，漁獲圧力が適正か否かも評価しており，資源管理のあり方に直結する評価となっている[8]。

　国際資源に目を向ければ，マグロ類を始めとする高度回遊性魚類や底魚類等のストラドリング資源[9]の持続的利用・管理について，地域漁業管理機関[10]（Regional Fisheries Management Organization：RFMO）の枠組みを通じて管理を行っている。科学的根拠に基づき資源管理を行うことが重要であり，保存管理措置の設定（主なものとして，漁獲量に関する規制（魚種ごとのTAC等），漁獲努力量に関する規制（操業隻数の制限等）及び技術的な規制（禁漁区，禁漁期の設定，漁具に関する規制等））や違法・無報告・無規制（IUU）漁業の排除に努めてきた。RMFOに加盟した各国が漁業資源を適切に管理することにより，将来に亘り持続的な利用を実現することが世界の共通目標となっている。

III　予防的アプローチ

　堀口論文「第1章　予防的アプローチに照らした国際法上の海洋生物資源保存義務の発展と日本の国内実施——排他的経済水域における資源管理に焦点をあてて」の予防的アプローチの実施は，資源の持続的な利用の観点から重要である一方，これまで国内法・政策上，明確に位置づけられてこなかった。導入に当たって，日本の漁業の特徴である①多様な漁業の実態（魚種と漁法の多様性，同一魚種の多様な漁法による利用），②操業水域（沿岸，沖合，遠洋）や漁法により異なる漁業管理主体（国，都道府県），③公的規制及び漁業者の自主的規制によるインプットコントロール・テクニカルコントロール中心の管理，④地域による漁業の多様性等を踏まえた管理の難しさが，明文化される段階に至っていない理由の一つにあるのではないか。日本の環境は変化に富み，多種多様な魚種が分布[11]し，生態系の中で競合する他種の資源変動に影響さ

---

[8]　米国は資源状態を乱獲又は適正の2区分，さらに漁獲圧力を過剰又は適正の2区分。EUは資源状態と漁獲圧力がそれぞれどの状態にあるか4区分に分けている。
[9]　高度回遊性魚類：海洋の広範囲に回遊する魚種（マグロ類等），ストラドリング資源：分布範囲がEEZの内外に存在する資源（タラ類，カレイ類等）
[10]　世界の海域ごとに条約に基づいて設置される国際機関であり，対象資源の資源状況等を踏まえ，種々の保存管理措置の決定や実施を行っている。
[11]　このような海域特性の下で営まれてきた日本の漁業は，諸外国に比べ漁業者数及び漁船数が極めて多く，小型漁船の割合も極めて高い。

[第Ⅱ部 コメント]

れる魚種も多いため，人為的に全ての魚種で水準アップを図ることは難しいという側面もあるだろう。予防的管理は非常に有効であり，現在，「水産政策の改革」において法整備を視野に入れた大きな動きがあるので，後ほどご紹介したい。

Ⅳ　生態系アプローチ

　大久保論文「第2章　生態系アプローチに関する国際規範の発展と日本の国内実施」の生態系アプローチの考え方について，海洋生物資源の存在する生態系の維持を含め海洋等の環境を保存していくことが重要である。生態系アプローチに係る具体的な議論については，生態系や生物多様性の保全に対する意識の高まりから，①海洋保護区（MPA）の設定による生物多様性保全の推進，②サメ・ウミガメ・海鳥の混獲や深海の生物多様性への漁業の影響を懸念する国際世論，③ワシントン条約による海洋生物資源の国際取引を管理しようとする動きが世界的に活発になっている。海洋保護区に関しては，すべての海に一律にあてはまる海洋保護区の定義[12]や設定基準があるわけではなく，その名称や保全の方法等の運用は国や場所によって様々である。海洋保護区は，必ずしも漁業禁止区域を意味するものではなく，対象となる海の環境や地域での利用の特徴，科学的な情報等を踏まえて保護区を設定・運営することが重要であり，適切に設置された海洋保護区は，水産資源の維持・増大にも寄与するものと考えられる。地元の人々の合意と参加を得て，現場に根付く「海洋保護区」をどのように作っていくかが大きな課題であろう。環境政策と水産政策との間にギャップがあったとき，環境政策は水産に，水産政策は環境にどのような影響を与えるのか，最適な水産政策とはどのようなものかという視点で分析・議論を深めることが必要ではないか。漁業活動を通じた資源の持続的利用と地域社会の暮らしの豊かさを同時に支障なく成り立たせることは，環境面・社会面の両面において大きなテーマであると思う。

　混獲及び投棄の問題に関する管理措置については，漁業法関係法令で混獲回

---

[12]　環境省の「海洋生物多様性保全戦略」では，「海洋生態系の健全な構造と機能を支える生物多様性の保全及び生態系サービスの持続可能な利用を目的として，利用形態を考慮し，法律又はその他の効果的な手法により管理される明確に特定された区域」と定義されている。

避措置を規定している。混獲の上限設定や投棄の最小化に関する措置の導入には十分な科学的知見が必要であると思われるが，国内実施への適用の仕方については，例えば，欧米の漁業管理（多種を漁獲する漁法において，混獲・投棄を管理するシステムを導入・強化していく際の対応）が参考になるのではないか。ただし，それが日本の漁業に馴染むか，つまり，一般に広く適用できるか，取締りを含めて実効性を担保できるか等について十分な検討が必要である。いずれにせよ，漁獲対象魚種が多く，定置網を始めとする魚種選択性の低い漁法が多い日本漁業の操業実態，資源の状況を踏まえつつ，科学的知見の集積・充実を図り，保全・管理手法の開発を行う必要があると思う。

V　国際的な IUU 漁業対策と日本におけるその実施

鶴田論文「第3章　IUU 漁業対策としての寄港国措置 ── 日本における寄港国措置協定の実施に焦点をあてて」に関し，国際的な IUU 漁業対策は，地域漁業管理機関（RFMO）非加盟国の便宜置籍船（IUU 漁船）の増加が契機となり，統計証明制度，IUU 漁業国からのマグロ類の禁輸措置，さらには漁獲証明制度等へと強化されてきた。日本は，世界有数のマグロ漁業国であると同時に世界一の消費国として，このような IUU 漁業対策の推進を主導してきたところ。現在，多国間の国際機関や国間の枠組みにおいて様々な取組が行われており，特に，IUU 漁業による漁獲物が国内市場に輸入されないよう，輸入時に正規の漁獲物であることを確認する制度を導入している。各 RFMO においては，毎年，保存管理措置の遵守状況を検討しているほか，IUU 漁船リスト（いわゆるブラックリスト），統計証明制度（輸出国が正規漁獲物であることを証明する制度），漁獲証明制度（漁獲国，蓄養国，輸出国が正規漁獲物であることを証明する制度）等を導入[13]している。外国為替及び外国貿易法（外為法）関係法令に基づく貿易管理措置等について，必要な国内措置を整備してきている。さらに，2017年には，違法漁業防止寄港国措置協定（PSMA）を締結（同年5月に加入書を寄託，6月に効力発生）し，外国人漁業の規制に関する法律（外規法）関係法令に基づき，入港する船舶に着目した寄港国措置[14]による規制を組み合わせて実施している。これにより，国際社会と連携した措置を効果的に実施し，IUU 漁業対策を強化してきている。

また，二国間の枠組として，日 EU（2012），日米（2015），日タイ（2017）の

[第Ⅱ部 コメント]

二国間で，IUU 漁業対策で協力する旨の共同声明を採択している他，中国，韓国，ロシアといった周辺国との二国間交渉等において，毎年，違法操業の実態についてレビューや再発防止を議論している。ロシアとの間では，水産物の密漁・密輸出対策に関する二国間協定を締結[15]し，特にロシアで密漁されたカニが日本へ密輸出されることを防止する措置を導入[16]している。このように，輸入規制を含め，魚種や漁獲国，貿易実態に応じた対応がとれるよう，適切に規制の網をかけていく必要がある。

Ⅵ　国内法制度に関する近年の展開 ── 水産政策の改革について

水産政策に関する近年の展開として，「水産政策の改革」の大きな動きがある。水産資源の適切な管理と水産業の成長産業化を両立させることを目指した改革を行い，必要な法整備等を行うこととしている[17]。その中で，資源管理に

---

[13]　RFMO における措置の例
- IUU 漁船リスト（すべてのマグロ類 RFMO（ICCAT, IATTC, IOTC, CCSBT, WCPFC），NAFO, CCAMLR, NPFC, SEAFO, SIOFA）
- 統計証明制度（メバチ，メカジキ）（ICCAT, IATTC, IOTC）
- 漁獲証明制度（大西洋クロマグロ，ミナミマグロ，メロ）（ICCAT, CCSBT, CCAMLR）
- 違法漁業防止寄港国措置協定（PSMA）に基づく措置（ICCAT, IOTC, CCSBT, NAFO, CCAMLR）
- 転載管理措置（すべてのマグロ類 RFMO, NPFC）
- 公海洋上検査手続（WCPFC, NPFC, CCAMLR）
- 漁船位置モニタリングシステム（すべてのマグロ類 RFMO, NAFO, NPFC, CCAMLR）

[14]　外規法に基づき，外国漁船が日本に寄港する際には原則として農林水産大臣の許可を受けなければならないとされており，この許可に際して，申請書類を国際機関が持つ IUU 漁船リストと照らし合わせる等により，当該漁船が IUU 漁業やこれを補助する活動に従事した船舶であるかどうかを確認。IUU 漁船と認められた場合は，許可は発給されないこととなっている。

[15]　2012 年 9 月署名，2014 年 12 月発効。外務省「水産物の密漁・密輸出対策に関する日露協定の発効のための書簡の交換」https://www.mofa.go.jp/mofaj/press/release/press4_001436.html（閲覧日：2019 年 1 月 12 日）

[16]　外為法に基づき，ロシア当局による正規の輸出手続（証明書の発給）を経ていないカニの日本への輸入を認めない（日本側が輸入段階で証明書の真偽確認を行う）措置を導入。水産庁「カニの密漁・密輸防止のための輸出入手続に関する情報」http://www.jfa.maff.go.jp/j/kakou/import/kani.html（閲覧日：2019 年 1 月 12 日）

[17]　水産庁「水産政策の改革について」http://www.jfa.maff.go.jp/j/kikaku/kaikaku/attach/pdf/suisankaikaku-3.pdf（閲覧日：2019 年 1 月 12 日）

ついても新たな方向性を示している。具体的には，新たな資源管理のイメージとして，主要資源ごとの資源管理目標として，最大維持生産量（MSY）が得られる資源水準としての「目標管理基準」を設定し，併せて，乱獲を防止するために資源管理を強化する水準として「限界管理基準」を設定することとし，予防的な措置へより踏み込んだ管理とする方向。米国・EUでは，資源がMSYを達成する水準（目標管理水準）へ回復・維持させることを目標とする管理を実施しており，日本でもこのような手法の導入を検討していく必要がある。すなわち，予防的アプローチの趣旨を踏まえ，長期的な視野で適切な管理を行うことが重要であると思う。また，今後の資源管理は，産出量規制を基本とし，漁業の実態を踏まえつつ，課題を解決して可能な限りIQ方式を活用していくこととしている。今後，対象魚種を増やしていく中で，実際的な管理が求められることになるだろう。

　世界的な水産物の需要が増加する中，日本の水産業を取り巻く環境は，気候変動の影響，海洋環境の変化，本格的な人口減少社会が到来するなど大きく変化している。今後とも，将来の変化を見据え，制度改正を含めてしっかりと必要な措置を講じていく必要がある。

　　〔付記〕本稿は国際法学会2018年度研究大会公募分科会A（パネル）におけるコメントに加筆・修正を施したものである。本稿に記された意見や見解は著者個人のものであり，水産庁や日本政府の見解を表すものではない。

索 引

◆ あ 行 ◆

愛知県田原湾事件 …………………117
アウトプット・コントロール ……56, 126, 128, 145, 148, 151, 153, 156, 174
　――（産出量規制）………………39
　――（総漁獲可能量および個別割当）…119
アジェンダ21　→接続可能な開発のための人類の行動計画
天下り ………………………………161
イカ類 ………………………………110
生きた文書（living instrument）………67
諫早湾干拓事業民事差止訴訟控訴審判決…122
意思決定への当事者の参加 ……………74
意思決定への利害関係者の参加 ………70
磯焼け対策ガイドライン ………………88
磯焼け対策緊急整備事業 ………………88
磯焼け対策全国協議会 …………………88
一般国際法 ………………………38, 54, 55
一本釣り漁業 ………………………118, 163
遺伝的多様性 ……………………………85
違法漁獲 …………………………138, 139
　――の持込み ……………………139
　――の流通・販売 ………………139
　――の流通防止 …………………139
違法漁業（illegal fishing）……96, 129, 133, 134
違法漁業（の）規制 ……………22, 129, 130
違法漁業の抑止 …………………………140
違法漁業防止寄港国措置協定 …19, 20, 91, 93, 99, 100, 108, 168, 170, 177
違法水産物の流通防止 …………………22
違法・無報告・無規制漁業　→IUU漁業
いわし ……………………………………57
インド洋まぐろ類委員会（IOTC）………102
インプット・コントロール（投入規制）……27, 56, 119, 126-128, 145, 147, 153, 174, 175
魚つき保安林 ……………………………82
ウナギ（類）…………………………5, 110
海鳥混獲回避措置 ………………………83
衛星船位測定送信機（VMS）……………21
栄養塩類の補給 …………………………83
エコラベリング・システム ……………82

沿岸域の総合的管理 ……………………84
沿岸漁業整備開発計画 …………………88
遠洋漁業（国）………………118, 158, 173
沖合漁業 …………………………118, 145
オリンピック方式 ………………………147

◆ か 行 ◆

海区漁業調整委員会 ………………119, 144, 153
外国為替及び外国貿易法（外為法）……177
外国漁船の入港許可 ……………………100
外国人漁業 ………………………………106
　――の規制に関する法律（外規法）
　　………106-109, 119, 126, 127, 130-132, 134, 139, 140, 169, 177
外国人漁業の規制に関する法律施行規則 …107
改正漁業法 ……………34, 63, 66, 130, 132, 143
改正漁業法案 ……………………………165
海底裁判部の深海底活動に関する保証国の責任・義務に関する勧告的意見 ………52
買い負け …………………………………164
海洋基本計画 ……………………………84
海洋基本法 ………………………………83, 136
海洋ゴミ対策 ……………………………84, 88
海洋生態系における責任ある漁業に関するレイキャビク会議 ……………………78
海洋生物資源の保存及び管理に関する法律
　→TAC法
海洋生物多様性保全戦略 ………………84, 167
海洋保護区（MPA）……………20, 70, 76, 83-85, 89, 151, 167, 176
科学的不確実性 …………………………17, 47
学際的（共同）研究 ……9, 21, 27, 29, 156
加入乱獲 …………………………………165
カニ類 ……………………………………110
ガバナンス（論）……………71, 149, 151, 166
カレイ類 …………………………………110
環境基本法 ………………………122, 126, 127
環境条約 …………………………………15
環境・生態系保全対策事業 ……………88
環境と開発に関するリオ宣言（1992年）……34
環境配慮（義務）……………122, 124, 126, 127
環境法 ……………………13, 21, 27, 122, 129

181

索 引

環境法家族論……………………122, 127
環境保護・生物多様性保全法 …………74
カンクン宣言 ……………………………98
関税法 …………………………………104
管理計画 ………………………………152
管理計画作成要領 ……………………168
管理のための戦略（management strategy）
　………………………………………48
寄港国 ……………………………………93
寄港国措置 …18, 20, 22, 91-93, 97, 100, 102, 177
　──に関するモデル・スキーム …………99
寄港国措置協定　→PSMA
気候変動 …………………………………83
技術規制 ………………………………126
基準値（reference points）…………44, 47, 48
規制改革 ………………………………153
北太平洋漁業委員会（NPFC）………170
北太平洋漁業資源保存条約（NPFC 条約）
　………………………………………64
期中改定 …………………………………60
義務の遵守………………………………11, 23
休漁漁船活用資源事業 …………………86
業界団体 ………………………………163
行政改革 ………………………………149
行政学………………8, 10, 22, 143, 156, 166, 172
行政刑罰 …………………………………27, 129
行政刑法 ………………………………129, 137
行政実務 …………………………8, 10, 22, 173
行政訴訟 ………………………………119
行政法学 …………………………………8
共通漁業政策の将来に関するグリーンペーパー
　………………………………………75
共同漁業権 ……………………………118
協力義務（等）…………………………38, 49
許可漁業 …………………………118, 144
漁獲可能量（TAC）…38, 39, 50, 57, 58, 60, 61,
　　　　　64, 63, 120, 121, 124, 146, 151, 162, 171
漁獲管理規則（harvest control rules）……167
漁獲死亡率（fishing mortality rate）……45, 46
漁獲証明 ………………………………164
漁獲証明書（catch documentation）…105, 106
漁獲証明制度（catch documentation schemes
　（CDS））……………………21, 104, 105, 106,
　　　　　　　　　　　110, 126, 169, 177
漁獲成績報告書………………………110

漁獲統計制度（CDS）…………………168
漁獲努力可能量…………………………121
漁獲努力可能量制度……………………145
漁獲努力量………………………………121
漁獲努力量の総量管理制度（TAE 制度）…58
漁獲物……………………………76, 105, 139
　──に関するトレーサビリティ制度……139
　──の追跡可能性（トレーサビリティ）
　………………………………………105
　──の投棄対策………………………76
漁獲量規制………………………………151
漁　協……………………………………147
漁業委員会………………………………155
漁業外交………………………………22, 27
漁業管轄権事件判決（1974 年）…………37
漁業管理機関　→RFMO
漁業管理法………………………………74
　──の改正……………………………27
漁業協同組合……………………………27
　──の法的性格………………………118
漁業権………22, 27, 118, 128, 147, 148, 156, 157
　──の法的性格………………………118
　──の優先順位…………………148, 153
漁業権漁業…………………………118, 144
漁業権行使規則………………………151, 152
漁業者（による）自主的管理…143, 156, 174
漁業者の自主的規制……………………175
漁業調整委員会……………………27, 118, 144
漁業調整規則……………………118, 139, 151
漁協等組織………………………………152
漁業の民主化………………………132, 144
漁業への生態系アプローチ（Ecosystem
　Approach to Fisheries, EAF）…………78
　──に関するベルゲン会議……………78
漁業法……………58, 63, 119, 127, 130-132, 134
漁業法改革………………………………22
漁業法改正………………………22, 27, 149, 152
漁業補助金…………………………………6
漁港漁場整備長期計画……………………88
漁港漁場整備法…………………………107
漁港整備………………………………157
魚種別／地域漁業条約……………………16
漁場環境の保全…………………………86
漁場整備（生息域保全）………………125
漁場の整備………………………………87

漁場保全 ……………………………127
禁輸措置 ……………………………177
禁　漁 ………………………………44
国別漁獲割当量 ……………………64
経済犯罪 ……………………………138
刑事罰 ………………………………121
刑　罰 ……………………22, 119, 132
　——による威嚇効果 ……………140
刑罰規定 ……………………130, 133, 140
刑　法 ………………………………129
結果の義務 ……………………12, 52
限界管理基準値（B limit）……59, 62, 63, 155, 164, 171, 179
限界基準値（limit reference points）…45, 46, 48, 60
広域漁業調整委員会………………144
広域的の漁業管理組織……………152
行為の義務 …………………………52
公　海 ……………………………64, 65
公海漁業協定　→UNFSA
公海漁業保存措置遵守協定 ………19
公海生物資源保存条約 ……………37
公海の流し網漁業 …………………44
公的規制 …………………14, 174, 175
公的規則 ……………………………121
高度回遊性魚類 ……………………175
高度回遊性魚類資源 ……………43, 49
公物法 ………………………………116
公平性 ………………………………74
港湾法 ………………………………107
小型サバ …………………………162, 163
国際海洋法裁判所（ITLOS）……6, 51
国際海洋法裁判所海底裁判部・深海底活動に関する保障国の責任・義務に関する勧告的意見………170
国際海洋法裁判所みなみまぐろ事件暫定措置命令 ……………………………170
国際規範 …………………………49, 55
　——の受けとめ ………8, 10, 11, 21, 23, 26, 29
　——の受容 ……………8, 10, 150
国際規格 ……………………………14
国際義務
　——の3分類 ……………………12
　——の履行 ………………………8
国際裁判 ……………………………18

国際司法裁判所（ICJ）…………6, 37
国際社会 …………………………11, 38
　——の一般利益 …………………38
　——の公的利益 …………………11
国際政治・外交 ……………………155
国際政治学 ………………8-10, 15, 20
国際的な公的利益 ………………13, 15
国際認証 ……………………………14
国際法学 …………………8-10, 15
国際捕鯨取締条約（ICRW）………6
国内裁判所における条約の適用 ……9
国内実定法学 ………………………9
国連海洋法条約　→UNCLOS
国連環境開発会議（リオサミット）…13
国連公海漁業（実施）協定　→UNFSA
国連食糧農業機関（FAO）……3, 12, 77, 92, 155
個別割当　→IQ
ごまさば ……………………………57
混　獲 ………………83, 86, 89, 166, 176
混獲回避措置 ………………………176
混獲規制 …………………………126, 127
混獲対策 ……………………………76
混獲防止 ……………………………76

◆ さ　行 ◆

罪刑法定主義……………………132, 137
最大維持生産量　→MSY
最低限の資源水準（B limit）　→限界管理基準値
最良の科学的証拠（best scientific evidence available）……………40, 41, 51
サバ類 ………………………………121
産官学 ……………………………158, 160
　——の三位一体（三竦み）構造 ……22, 156, 158, 161
サンゴ礁の保全 ……………………84
さんご密漁事件 ……………………132
暫定措置命令 ………………………6
さんま（サンマ）………57, 61, 64, 65, 121
時間の要因 ………………………12, 23
資源回復計画 ………………82, 86, 121, 167
資源回復計画推進支援事業 ………86
資源管理計画 ………84, 87, 121, 167, 168
資源管理指針 ………83, 84, 87, 121, 151, 168
資源管理指針・管理計画作成要領 ……87
資源の持続可能な利用 ……………126

183

索引

資源評価 …………………………………60
獅子島事件 ………………………………122
自主管理（コミュニティベース・アプローチ）
　………………………………………146, 147
自主管理体制 ……………………………148
自主規制 …………………………………149
自主的取組 ………………………………146
自主的な管理 ……………………………153
市場国措置 ………………………………92
持続可能性 ………………………………115
持続可能な開発のための人類の行動計画
　（アジェンダ21）………………………3, 80
持続可能な開発目標（SDGs：Sustainable
　Development Goals）………………3, 12, 14
持続可能な発展 …………………………122
持続的な利用 ……………………………173
自治体行政 ………………………………152
実施・方法の義務 ………………………12
実績主義 …………………………………151
指定漁業制度 ……………………………118
市民セクター ……………………………149
社員権説 …………………………………118
自由漁業 …………………………………118
重罰化 ……………………………………140
種の保存法 ………………………………135
譲渡可能個別割当（ITQ）………………128
条　約
　──規定の解釈 ………………………12
　──規定の発展的解釈 ………………19
　──の解釈 ……………………19, 23, 28
　──の国内実施 ………………………9
　──の実施 ………………………7, 10
　──の「進化する」(evolving) 性質 …13
　──の進化性 …………………………25
　──の目的 ……………10, 11, 14, 22–24
昭和漁業法 ………………………115, 117
新漁業法 …………………………………115
新水産基本計画 …………………………164
新北西太平洋調査捕鯨計画（NEWREP-NP）
　……………………………………………5
水産委員会 →FAOの水産委員会（COFI）
水産科学 …………………………………166
水産学 ………………………27, 161, 165, 166
水産学者 …………………………………172
水産規制改革 ……………………………20

水産基本計画 …………59, 62, 81–83, 120, 121
水産基本法 ………58, 70, 80, 81, 115, 120, 136
水産業協同組合法（水協法）……………119
水産行政 ……………………………27, 163
水産研究・教育機構 ………………59, 161
水産資源枯渇防止法 ……………………115
水産資源保護法 ……58, 115, 130–132, 134, 139
水産政策審議会 ……………………59, 121
水産政策の改革 …………………22, 62, 176, 178
水産総合研究センター …………………59
水産多面的機能発揮対策事業 …………88
水産庁 ………………………………153, 159, 161
水産物の安定的な供給確保 ……………22
水産予算 …………………………………157
すけとうだら（スケトウダラ）……57, 121
ストラドリング魚類資源 …………43, 49, 175
するめいか（スルメイカ）…………57, 121
ズワイガニ（ずわいがに）………57, 61, 121
正規許可船リスト（ポジティブ・リスト）
　……………………………………103, 104
生産調整 …………………………………146
政治学 …………………9, 21, 27, 156, 166, 168, 172
　──のアプローチ ……………………8
生態学的・人間中心的法益論 …………138
生態系（ecosystem）…………………70, 72–74
　──に配慮した海洋生物資源管理 …69
　──に配慮した持続可能な漁業 ……3, 7, 11–
　　13, 15, 23, 24, 28, 69, 89, 116
　──の保護 ……………………………138
　──への配慮 …………………………122
生態系アプローチ（Ecosystem Approach）
　………12, 16, 20, 24, 42, 69–71, 73, 76, 89,
　125–127, 136, 137, 150, 151, 166, 167, 176
　──の原則と運用指針 ………………79
　──の構成要素 ………………………71
生態系サービス ……………………84, 85
生態系保全 …………………………85, 115
生物学的許容漁獲量（ABC）…59, 148, 155, 171
生物資源保存義務 …………………19, 35
生物多様性 …………………………83, 84, 176
　──の保全 ……………………………22, 82
生物多様性基本法 …………………84, 167
生物多様性国家戦略 ……………………84
生物多様性条約 ……………16, 70, 79, 84, 115
世界貿易機関（WTO）…………………6, 169

索　引

責任ある漁業 …………………………70
　──に関する国際会議 ………………98
　──のための行動規範　→FAO 行動規範
　──のための行動規範の実施に関するローマ
　　宣言 ……………………………………98
船舶検査 ……………………………………101
全米熱帯まぐろ類委員会（IATTC）……102
総漁獲可能量（Total Allowable Catch）
　……………………………………………56
総漁獲可能量（TAC）対象魚種 …………155
相当の注意義務 …………………52, 53, 170
総有説 ……………………………………118
底魚類等 …………………………………175

◆　た　行　◆

第一種特定海洋生物資源 …………120, 121
第二種特定海洋生物資源 …………120, 121
第二種特定生物資源 ……………………121
第三次国連海洋法会議 ……………158, 160
大臣許可漁業 ……………………………145
大西洋クロマグロ …………………………95
大西洋まぐろ類保存国際委員会（ICCAT）
　……………………………………95, 102, 105
大中巻き網漁業 …………………………163
第二種特定海洋生物資源 ………………121
太平洋くろまぐろ（クロマグロ）……5, 57, 61,
　　　　　　　　　　　　63, 64, 121, 124, 151, 162
他事考慮 …………………………………122
縦割り行政 ………………………………167
地域漁業管理機関　→RFMOs
地先 …………………………………147, 148
地先漁業 …………………………118, 127
知事許可漁業 ……………………………145
地方創生 …………………………………149
中西部太平洋まぐろ（マグロ）類委員会
　（WCPFC）………………5, 64, 102, 170
鳥獣保護区 ………………………………151
鳥獣保護法 ………………………………135
低関税政策 ………………………………163
定置網漁業 ………………………………163
テクニカル・コントロール …56, 145, 147, 174
転　載 ……………………………………140
投　棄 ……………………20, 78, 89, 166, 176
投棄規制 …………………………………126
投棄対策 ……………………………………76

統計証明制度 ……………………………177
特定漁獲物等 ………………108-110, 169
特定事態発生の防止義務 …………………12
特定大臣許可漁業 ………………………118
トップダウン ………………………144, 149, 150
都道府県水産部 …………………………153

◆　な　行　◆

内水面漁業調整規則 ……………………118
南　極 ………………………………………76
南極海調査捕鯨計画（JARPAII）…………6
南極海捕鯨事件判決 ………………………6
南極海洋生物資源保存委員会（CCAMLR）
　………………………………76, 96, 102, 105
南極の海洋生物資源の保存に関する条約 …76
南東大西洋漁業機関（SEAFO）………102
西アフリカ地域漁業委員会（SRFC）勧告の意見
　……………………………………………51
200 海里体制 ………………………158, 160
農林水産業・地域の活力創造プラン ………62

◆　は　行　◆

排他的経済水域　→EEZ
排他的経済水域における漁業等に関する主権
　的権利の行使等に関する法律 …………130
はえ縄漁業 ………………………………118
破壊的な漁法 ………………………………76
「場」の保全 ………………………………83
犯罪化 ……………………………………140
犯罪構成要件 ……………………………137
干潟生産力改善のためのガイドライン ……88
非漁獲対象魚種 …………………………166
非漁獲対象種 ………………………………78
　──の混獲 …………………………83, 88
　──の保全 ………………………………20
　──への配慮 ……………………………85
非統制的（自主的）管理 ………………148
ヒラメ ……………………………………110
物権的請求権 ……………………………119
分権の管理 …………………………70, 144
米国国有林管理法 …………………………74
閉鎖の管理 ………………………………148
便宜寄港（port of convenience）問題 ……97
便宜置籍船 …………………………………93
法益侵害の危殆 …………………………137

185

索 引

法益の立法批判機能……………………137
法益保護主義……………………136-138
法　学………9, 21, 27, 156, 166, 168, 172
　──のアプローチ………………………8
法定刑……………………………133, 135
法的形式主義………………………………25
北西大西洋漁業機関（NAFO）…………102
北東大西洋漁業委員会（NEAFC）………102
保護法益……………………………………27
補助金……………………………………168
保存管理措置…………16, 33, 39, 40, 42, 49, 66
　──の設定…………………………175
北海道資源管理指針……………………151
ボトムアップ………………22, 144, 150

◆ま 行◆

まあじ（マアジ）……………………57, 121
マイワシ……………………………121, 173
マグナソン・スティーブンス漁業保存管理法を
　改正する1996年の持続可能な漁業法……75
まぐろ資源の保存及び管理の強化に関する特別
　措置法…………………………94, 169
まぐろ法……………………………………95
マグロ類…………………………………110
まさば………………………………………57
みなし物権……………………………27, 156
南太平洋地域漁業管理機関（SPRFMO）…102, 105
みなみまぐろ事件…………………………6, 54
みなみまぐろ事件暫定措置命令…………53
みなみまぐろ保存委員会（CCSBT）……102
ミニマリズム………………………………24
民主化政策………………………………118
無規制漁業…………………………………97
無報告漁業…………………………………96
明治漁業法…………………………115, 116
目的規定…………………………131, 132
目標管理基準(値)………………62, 63, 155, 179
目標基準値（target reference points）……45, 46, 60
藻場・干潟………………………82, 83, 88
藻場・干潟ビジョン………………87, 168
モニタリングの義務………………………47
モラトリアム………………………………44
森、川、海の環境保全…………………151

◆や 行◆

野生生物の駆除……………………………83
野生動植物国際取引規制ワシントン条約
　……………………………5, 115, 176
養殖業……………………………………153
予防的アプローチ（precautionary approach）
　………12, 17-19, 33, 34, 44, 45, 49, 50, 52-56,
　58, 59, 61, 63, 65-67, 76, 122, 124, 126, 127,
　136, 137, 150, 151, 155, 170, 171, 175, 179
予防的取り組み方法……………………122

◆ら 行◆

乱　獲………………4, 78, 145, 156, 157, 162
リーガル・ミニマリズム…………………169
「冷凍のくろまぐろ，みなみまぐろ，めばちま
　ぐろ又はめかじきを輸入する場合の確認につ
　いて」……………………………………104
連合漁業調整委員会……………………144
ローマ宣言（The Rome Declaration on the Implementation of the Code of Conduct for Responsible Fisheries）……………………98

◆欧　文◆

ABC　→生物学的許容漁獲量
ABC limit……………………………………59
ABC target…………………………………59
ABCの算定規則……………………………60
B limit　→限界管理基準値
CCAMLR　→南極海洋生物資源保存委員会
CCSBT　→みなみまぐろ保存委員会
CITES　→野生動植物国際取引規制ワシント
　ン条約
COP………………………………12, 13, 16
EEZ………………………33, 35, 50, 56, 158
EEZ漁業法………………131, 134, 139, 140
EU………………………………………105
FAO　→国連農業食料機関
FAO………………………………………78, 98
　──の水産委員会（COFI）………92, 96
FAO行動規範　→FAO責任ある漁業行動規
　範（1995年）
FAO責任ある漁業行動規範（1995年）……3,
　12, 14, 15, 35, 44, 49, 55, 77, 78, 97, 98, 155
ICCAT　→大西洋まぐろ類保存国際委員会

索　引

IQ（個別割合）･･････････128, 147, 162, 165
IQ 方式 ･･････････････････149, 164, 179
ITQ　→譲渡可能個別割当
IUU 漁獲物 ･･････････････91, 93, 109
　――の洋上転載規制････････････110
　――の陸揚げ拒否･･･････････････100
IUU 漁業 ･･････91, 93, 96, 97, 110, 164, 168, 175
　――の規制 ･･･････････15, 18, 20, 126, 127
IUU 漁業対策 ･･････････････22, 91, 177
IUU 漁業の防止，抑止および廃絶のための国際行動計画（International Plan of Action to Prevent, Deter and Eliminate Illegal, Unreported and Unregulated Fishing，IUU 漁業防止等国際行動計画）･･･19, 92, 98, 99
IUU 漁船 ･･･････････････････93, 102, 177
IUU 漁船リスト･･････20, 101, 102, 107, 109, 168, 177
IUU リスト登録船舶数 ･･････････････103
JARPAII　→南極海調査捕鯨計画
MPA　→海洋保護区
MSC 漁業認証 ･････････････････････14
MSY（最大持続生産量）･････33, 39-42, 46, 57, 62, 121, 162, 164-166, 174, 179
MSY 理論 ･･････････････････････････151
NAFO　→北西大西洋漁業機関
NEAFC　→北東大西洋漁業委員会

New Public Governance（NPG）･･････149
NGO･････････････････････22, 156, 157, 171
NPFC　→北太平洋漁業委員会
NPM 型改革 ･････････････････････149
PA　→予防的アプローチ
RFMO･･･････････････････････････177
RFMOs ･･･････････5, 12, 13, 16, 19, 49, 91, 101, 102, 105, 175, 177
SDGs　→持続可能な開発目標
SEAFO　→南東大西洋漁業機関
SPRFMO　→南太平洋地域管理漁業機関
TAC　→漁獲可能量
TAC 制度 ･････57, 61, 64, 65, 143, 146, 148, 149
TAC 対象業種 ･･････････････････147
TAC 対象種 ････････････････････63, 164
TAC 法･････････････21, 33, 34, 56, 58, 59, 61, 66, 120, 121, 125-128, 130, 131, 134, 145, 146, 148, 162, 171, 174
UNCLOS ･････････13, 19, 27, 33, 35, 38, 40, 49, 50, 54, 67, 77, 93, 162
UNFSA ･････････････15, 19, 35, 43, 44, 46-51, 54, 64, 65, 77, 93, 115
VMS　→衛星船位測定送信機
WCPFC ･････････････････････64, 103
WSSD 行動計画･･････････････････････80
WTO　→世界貿易機関

〈編 者〉

児矢野 マリ（こやの・まり）
　　北海道大学大学院法学研究科教授

漁業資源管理の法と政策
――持続可能な漁業に向けた国際法秩序と日本――

2019（令和元）年8月30日　第1版第1刷発行　5472-0101

編　者　児矢野マリ
発行者　今井　貴　稲葉文子
発行所　株式会社　信　山　社
〒113-0033 東京都文京区本郷 6-2-9-102
Tel 03-3818-1019　Fax 03-3818-0344
info@shinzansha.co.jp
出版契約 No.2019-5472-3-01010 Printed in Japan

Ⓒ編著者, 2019　印刷・製本／亜細亜印刷・牧製本
ISBN978-4-7972-5472-3-012-060-020 C3332
P212. 分類329.300.a011 国際法・海洋法

JCOPY　〈(社)出版者著作権管理機構　委託出版物〉
本書の無断複写は著作権法上での例外を除き禁じられています。複写される場合は、そのつど事前に、(社)出版者著作権管理機構（電話 03-5244-5088, FAX03-5244-5089, e-mail:info@jcopy.or.jp）の許諾を得てください。〔信山社編集監理部〕

法律学の森シリーズ
変化の激しい時代に向けた独創的体系書

大村敦志　フランス民法
戒能通厚　イギリス憲法〔第2版〕
新　正幸　憲法訴訟論〔第2版〕
潮見佳男　新債権総論Ⅰ　民法改正対応
潮見佳男　新債権総論Ⅱ　民法改正対応
小野秀誠　債権総論
潮見佳男　契約各論Ⅰ
潮見佳男　契約各論Ⅱ〈続刊〉
潮見佳男　不法行為法Ⅰ〔第2版〕
潮見佳男　不法行為法Ⅱ〔第2版〕
藤原正則　不当利得法
青竹正一　新会社法〔第4版〕
泉田栄一　会社法論
小宮文人　イギリス労働法
高　翔龍　韓国法〔第3版〕
豊永晋輔　原子力損害賠償法
芹田健太郎　国際人権法〈最新刊〉

信山社

◆ドイツの憲法判例〔第2版〕
　ドイツ憲法判例研究会 編　栗城壽夫・戸波江二・根森健 編集代表
・ドイツ憲法判例研究会による、1990年頃までのドイツ憲法判例の研究成果94選を収録。ドイツの主要憲法判例の分析・解説、現代ドイツ公法学者系譜図などの参考資料を付し、ドイツ憲法を概観する。

◆ドイツの憲法判例Ⅱ〔第2版〕
　ドイツ憲法判例研究会 編　栗城壽夫・戸波江二・石村修 編集代表
・1985～1995年の75にのぼるドイツ憲法重要判決の解説。好評を博した『ドイツの最新憲法判例』を加筆補正し、新規判例を多数追加。

◆ドイツの憲法判例Ⅲ
　ドイツ憲法判例研究会 編　栗城壽夫・戸波江二・嶋崎健太郎 編集代表
・1996～2005年の重要判例86判例を取り上げ、ドイツ憲法解釈と憲法実務を学ぶ。新たに、基本用語集、連邦憲法裁判所関係文献、1～3通巻目次を掲載。

◆ドイツの憲法判例Ⅳ　2018.10新刊
　ドイツ憲法判例研究会 編　鈴木秀美・畑尻剛・宮地基 編集代表
・主に2006～2012年までのドイツ連邦憲法裁判所の重要判例84件を収録。資料等も充実、更に使い易くなった憲法学の基本文献。

◆フランスの憲法判例
　フランス憲法判例研究会 編　辻村みよ子編集代表
・フランス憲法院(1958～2001年)の重要判例67件を、体系的に整理・配列して理論的に解説。フランス憲法研究の基本文献として最適な一冊。

◆フランスの憲法判例Ⅱ
　フランス憲法判例研究会 編　辻村みよ子編集代表
・政治的機関から裁判的機関へと揺れ動くフランス憲法院の代表的な判例を体系的に分類して収録。『フランスの憲法判例』刊行以降に出されたDC判決のみならず、2008年憲法改正により導入されたQPC（合憲性優先問題）判決をもあわせて掲載。

◆ヨーロッパ人権裁判所の判例
　戸波江二・北村泰三・建石真公子・小畑郁・江島晶子 編集
・ボーダーレスな人権保障の理論と実際。解説判例80件に加え、概説・資料も充実。来たるべき国際人権法学の最先端。

◆ヨーロッパ人権裁判所の判例Ⅱ　2019.3最新刊
　小畑郁・江島晶子・北村泰三・建石真公子・戸波江二 編集
・新しく生起する問題群を、裁判所はいかに解決してきたか。様々なケースでの裁判所理論の適用場面を紹介。

信山社

国際法研究 1〜7号 続刊
岩沢雄司・中谷和弘 責任編集

環境法研究 1〜9号 続刊
大塚 直 責任編集

EU法研究 1〜6号 続刊
中西優美子 責任編集

ドイツの憲法判例Ⅳ
ドイツ憲法判例研究会(鈴木秀美代表) 編

ヨーロッパ人権裁判所の判例Ⅱ
小畑郁・江島晶子・北村泰三・建石真公子・戸波江二 編

国際私法年報 1〜20号 続刊
国際私法学会 編

信山社

日本の海洋政策と海洋法
坂元茂樹

現代海洋法の生成と課題
林　司宣

船舶汚染規制の国際法
富岡　仁

サイバー攻撃の国際法
―― タリン・マニュアル2.0の解説
中谷和弘・河野桂子・黒﨑将広

新航空法講義
藤田勝利 編

宇宙六法
青木節子・小塚荘一郎 編

国際人権法(第2版)
―― 国際基準のダイナミズムと国内法との協調
申　惠丰

信山社

◆プラクティス国際法講義〔第3版〕

柳原正治・森川幸一・兼原敦子 編

◆《演習》プラクティス国際法
柳原正治・森川幸一・兼原敦子 編

＜執筆者＞
柳原正治/森川幸一/兼原敦子
江藤淳一/児矢野マリ/申惠丰
髙田映/深町朋子/間宮勇/宮野洋一

◆国際法先例資料集1・2 －不戦条約
【日本立法資料全集】
柳原正治 編著

◆小松一郎大使追悼 国際法の実践
柳井俊二・村瀬信也 編

信山社